Hans-Hermann Franzke

Einführung in die Maschinen- und Anlagentechnik

Band 1: Kraftmaschinen und Kraftanlagen

Mit 167 Abbildungen

Springer-Verlag Berlin Heidelberg New York London Paris Tokyo 1987

o. Prof. Dr.-Ing. H.-H. Franzke
Institut für Maschinenwesen
beim Bergbau und Hüttenbetrieb
Technische Universität Berlin
Straße des 17. Juni 135
1000 Berlin 12

ISBN-13: 978-3-540-16420-3   e-ISBN-13: 978-3-642-82791-4

DOI: 10.1007/978-3-642-82791-4

CIP-Kurztitelaufnahme der Deutschen Bibliothek:
Franzke, Hans-Hermann: Einführung in die Maschinen- und Anlagentechnik/Hans-Hermann
Franzke. – Berlin; Heidelberg; New York; London; Paris; Tokyo: Springer
Bd. 1. Franzke, Hans-Hermann: Kraftmaschinen und Kraftanlagen. – 1987

Texterfassung: Mit einem System der Springer Produktions-Gesellschaft, Berlin;
Datenkonvertierung: Brühlsche Universitätsdruckerei, Gießen;
Bindearbeiten: Lüderitz & Bauer, Berlin.
2068/3020-543210

Vorwort

Das vorliegende Buch entstand aus Vorlesungen für Studenten des Bergbaus, des Hüttenwesens und des Wirtschaftsingenieurwesens, die als Grundlage ihrer Berufstätigkeit viele Gebiete des klassischen Maschinenbaus kennen müssen, und zwar sowohl Kraft- und Arbeitsmaschinen und -anlagen als auch übergreifende Gebiete, u. a. Meßtechnik und Steuerungs- und Regelungstechnik.

Die Darstellung mußte also auf die Bedürfnisse von Anwendern abgestellt werden, die unterschiedliche Maschinen und Anlagen technisch richtig und wirtschaftlich günstig einsetzen müssen. Um diese Aufgaben meistern zu können, bedarf ein solcher Anwender der Zusammenarbeit mit Spezialisten, die diese Maschinen und Anlagen in allen Einzelheiten kennen. Diese Zusammenarbeit kann er aber nur dann fruchtbar und ohne Zeitverlust aufnehmen, wenn er die spezielle Sprache des Einzelgebietes versteht und vor allen Dingen sich in dessen spezielle Probleme gut hineinfinden kann. Hierzu bedarf es neben grundlegenden mathematisch-naturwissenschaftlichen und technischen Kenntnissen und Fähigkeiten des Einblickes in die Technik dieser Maschinen und Anlagen. Beim Erwerb dieses Einblickes soll das vorliegende Buch helfen.

Dieser Einblick in zahlreiche Gebiete mußte in einer übersehbaren Darstellung geboten werden. Hierfür wurde folgendes Konzept zugrunde gelegt: Die klassische Einteilung in Kraft- und Arbeitsmaschinen wurde beibehalten, um dem Leser einen leichteren Einstieg auch in die spezielle Literatur zu ermöglichen. Um bei den zahlreichen zu behandelnden Gebieten eine zusätzliche Systematisierung zu erreichen, wurde nicht nur nach Kraft- und Arbeitsmaschinen, sondern auch nach Maschinen und Anlagen unterschieden. Näheres hierzu findet sich in Abschnitt 1.

Durch Hinweise und Bezugnahmen wurde das Gemeinsame gleichartiger Maschinen, z. B. der Strömungsmaschinen (im Band 1 der Dampf- und der Gasturbinen), herausgestellt, daneben die grundsätzlichen Unterschiede, z. B. zwischen Verdränger- und Strömungsmaschinen.

Bei der Behandlung einer Maschinenart konnte aufgrund der Anwenderbezogenheit die Konstruktion nicht im Vordergrund stehen, obwohl ein solcher Versuch den Verfasser als langjährigen Konstrukteur sehr gereizt hat. Es mußte von den in den einzelnen Maschinen und Anlagen ablaufenden Vorgängen ausgegangen werden, weil es so – neben der stärkeren Anwenderbezogenheit – auf kleinerem Raum möglich war, das Gemeinsame verschiedener Maschinen und Anlagen darzustellen. Hierdurch ergab sich außerdem der didaktische Nutzen, daß der Leser leichter assoziieren, an bereits Bekanntes anknüpfen kann. Um eine vertiefte Betrachtung zu gestatten, wurde dabei soweit wie möglich die Energieumsetzung als ein die Maschinenart beschreibendes Modell benutzt.

Auch bei diesem Konzept war es aus Raumgründen nicht möglich, auf alle wünschenswerten Einzelheiten einzugehen. Es wurde daher bei jeder Maschinen- und Anlagenart zunächst ein Überblick gegeben. Sodann wurden ausgewählte Einzelheiten als Beispiele für das Denken in den verschiedenen Maschinen und Anlagen dargestellt. Obwohl die Darstellung damit nicht vollständig ist, ermöglicht sie es aber, in solchen Beispielen systematisch zu bleiben. Darüber hinaus kann eine solche exemplarische Darstellung den Blick für und das Nachdenken über Zusammenhänge fördern und so die Möglichkeit für ein vertieftes Verständnis schaffen.

Für den Anwender ist es auch nötig, auf Schadensmöglichkeiten hingewiesen zu werden. Dies geschah insbesondere durch Bilder. Diese haben, wie alle anderen Darstellungen auch, lediglich exemplarischen Charakter.

Dem Leser wird auffallen, daß nur wenige mathematische Beziehungen gebracht werden. Es ist dies zu vertreten einmal im Hinblick darauf, daß bei denjenigen Studenten, für die das Buch hauptsächlich bestimmt ist, eine gründliche Kenntnis der Maschinenelemente und Technischen Mechanik und der Technischen Wärmelehre (Technische Thermodynamik einschließlich Wärmeübertragung, Dampferzeuger, Brennstoffe und Verbrennung) vorausgesetzt werden kann, bzw. daß diese aus den einschlägigen Werken rekapituliert werden kann. Weiterhin kommt es nach Ansicht des Verfassers zunächst darauf an, daß der Leser eine Maschine grundsätzlich versteht. Formeln für die Berechnung von Maschinen nützen ihm erst dann, wenn er die Ex- und Implikationen für deren Anwendung kennt und wenn er sicher weiß, was genau der mathematische Apparat umfassen muß, damit dieser zur Beschreibung eines bestimmten Problems genügt. Anderenfalls bindet er sich an eine Formel, lernt diese vielleicht auswendig und glaubt dann, „begriffen" zu haben.

Es soll also nicht auf theoretische Grundlagen verzichtet werden (diese werden vorausgesetzt). Sobald es sich aber um die praktische Maschine handelt, ist unter den oben genannten Prämissen bezüglich des Leserkreises ein grundsätzliches Verständnis nötig, ehe eine Formel gebracht werden kann. Diese wird – soweit nötig – auch abgeleitet bzw. diskutiert, damit die Voraussetzungen für ihre Anwendung bekannt sind. Es kann sich dabei aber nur um wenige grundlegende Formeln handeln. Außerdem wurden für die Anwendung einige Anhaltszahlen gegeben und einige Überschlagsrechnungen durchgeführt. Es werden also keine Berechnungsgrundlagen gegeben. Hierfür sind neben den Spezialwerken gute Übersichtswerke vorhanden, wie z. B. der DUBBEL.

Die Verwendung unterschiedlicher Formelzeichen für die gleiche Größe in den einzelnen Fachgebieten (z. B. für die Geschwindigkeit c, w und v) macht erfahrungsgemäß Schwierigkeiten beim Überblicken mehrerer Gebiete. Daher wurden – soweit möglich – einheitliche Formelzeichen benutzt, z. B. bei den Geschwindigkeiten c für Absolut- und w für Relativgeschwindigkeiten, und es wurde auf v wegen Verwechslungsmöglichkeit mit dem spezifischen Volumen verzichtet.

Aus dem oben Gesagten ergibt sich, daß didaktische Gesichtspunkte im Vordergrund standen. Es sollte daher keine umfassende Darstellung der einzelnen Maschinen und Anlagen erwartet werden. Hierfür stehen auf fast allen Gebieten ausgezeichnete Übersichts- und Spezialwerke zur Verfügung. Für jedes Gebiet werden daher in dem vorliegenden Buch einige Monographien genannt. Auf die Nennung von Veröffentlichungen in Periodika mußte aus Platzgründen verzichtet werden. Diese können im übrigen – auf neuestem Stand befindlich – aus Datenbanken und den Jahresübersichten in den Periodika, z. B. der Brennstoff–Wärme–Kraft oder der Motortechnischen Zeitschrift, entnommen werden.

Abschließend möchte ich den Kollegen und meinen Assistenten für ihre wertvollen Ratschläge und ihre Hilfe herzlich danken. Mein Dank gilt weiter den Firmen für die Zurverfügungstellung von Bildunterlagen und dem Verlag für die angenehme Zusammenarbeit.

Berlin, im November 1986   H. H. Franzke

Inhaltsverzeichnis

1 Begriffe

Im folgenden sollen Kraftmaschinen und Kraftanlagen sowie Arbeitsmaschinen und Arbeitsanlagen behandelt werden.

Diese Begriffe unterscheiden sich in zweierlei Weise:

a) Kraft/Arbeit,

b) Maschinen/Anlagen.

Sofern es sich um Maschinen handelt, verstehen wir, wie herkömmlich, unter Kraftmaschinen solche, deren Hauptaufgabe es ist, mechanische Energie an einer Welle o. ä. abzugeben, während Arbeitsmaschinen mechanische Energie an einer Welle aufnehmen.

Der Unterschied zwischen Maschinen und Anlagen soll für die vorliegende Darstellung folgendermaßen definiert werden: In einer Maschine werden einzelne Zustandsänderungen (im thermodynamischen Sinn verstanden) durchgeführt, die keinen vollständigen Kreisprozeß ergeben, während in einer Anlage ein vollständiger Kreisprozeß durchgeführt wird.

Sofern es sich um Anlagen handelt, können die oben genannten Begriffe Kraft und Arbeit wie folgt definiert werden: In einer Kraftanlage wird ein rechtslaufender Kreisprozeß durchgeführt, in einer Arbeitsanlage ein linkslaufender.

Es ist anzumerken, daß der Begriff Arbeitsanlage bisher nicht gebräuchlich ist. Im Sinne einer systematischen Terminologie wird er jedoch hier eingeführt. Als Beispiel für eine Arbeitsanlage sei die Kaltdampf-Kompressionskälteanlage genannt, in der ein linkslaufender (entspricht: Arbeits-) vollständiger Kreisprozeß (entspricht: -anlage) durchgeführt wird. Die Absorptionskälteanlage dage-

	-maschine	-anlage
Kraft-	Dampfturbine	Dampfkraftanlage (Dampferzeuger + Turbine + Kondensator + Speisepumpe)
	Gasturbine (nur die eigentliche Turbine)	Gasturbinenanlage (Verdichter + Brennkammer + Gasturbine + Umgebungsluft) Dieselkraftanlage
Arbeits-	Verdichter	Kaltdampf-Kompressions- kälteanlage (Verdampfer + Verdichter + Verflüssiger + Drosselorgan)
	Pumpe	

Bild 1. Begriffs-Matrix

gen ist keine reine Arbeitsanlage, da in ihr sowohl ein linkslaufender als auch ein rechtslaufender Kreisprozeß durchgeführt wird. Sie umfaßt somit auch einen Kraftanlagenteil.

Die vorgeschlagene Terminologie trägt zu einem besseren Durchblick bei, indem sie beispielsweise zeigt, daß zusammen mit einer Kompressionswärmepumpenanlage stets noch die Kraftanlage betrachtet werden muß, wenn man sie energieaufwandsmäßig mit der Absorptionswärmepumpenanlage vergleichen will. Auch wird mit dieser Terminologie herausgestellt, warum eine Wasserkraftmaschine (Wasserturbine) einen höheren Wirkungsgrad, verglichen mit dem einer Dampfkraftanlage hat, da ja bei der Dampfkraftanlage der Kreisprozeßwirkungsgrad bereits mit eingeschlossen ist, während dies bei der Wasserturbine nicht der Fall ist. Als Übersicht mit weiteren Beispielen diene die Matrix Bild 1.

Statt des Ausdruckes Dampfkraftanlage wird auch der Ausdruck Dampfkraftwerk gebraucht, ebenso wie beispielsweise für Dieselkraftanlage der Ausdruck Dieselmotor gebraucht wird. Dies ist üblich und führt nicht zu Unklarheiten, solange man sich bewußt bleibt, daß es sich hierbei um Anlagen handelt, in denen ein Kreisprozeß durchgeführt wird.

2 Dampfkraftanlagen

2.1 Energieumwandlung

In Dampfkraftanlagen wird die in fossilen Brennstoffen vorhandene chemische Energie bzw. die in Kernbrennstoffen vorhandene Kernenergie in thermische Energie (Wärme) umgeformt. Anschließend wird diese teilweise in mechanische bzw. elektrische Energie umgewandelt.

Zur Umwandlung von Wärme in mechanische Energie muß ein Medium in einen Kreisprozeß geführt werden. Im Bild 2 ist als Beispiel für einen Kreisprozeß der Carnot-Prozeß im T,s-Diagramm dargestellt: Dem Medium wird bei hoher Temperatur Wärme zugeführt. Ein Teil dieser Wärme wird bei niedriger Temperatur wieder abgegeben. Die Differenz der beiden Wärmemengen kann in Form von mechanischer Energie aus dem Medium entnommen werden.

Der Teil der Wärme, der in mechanische Energie umgewandelt werden kann, hängt vom Temperaturniveau der Wärmezu- und -abfuhr ab.

Der Quotient

$$\frac{\text{abgeführte mechanische Energie}}{\text{zugeführte Wärmemenge}}$$

wird thermischer Wirkungsgrad η_{th}, auch Umwandlungsgrad genannt. Er kann im theoretischen Grenzfall bei gegebener Wärmezu- und Wärmeabfuhrtemperatur maximal betragen

$$\eta_{\text{th}} = 1 - \frac{T_{4,1}}{T_{2,3}}.$$

Die obere (Wärmezufuhr-)Temperatur $T_{2,3}$ ist namentlich durch die verfügbaren Werkstoffe bestimmt, während die untere (Abfuhr-) Temperatur $T_{4,1}$

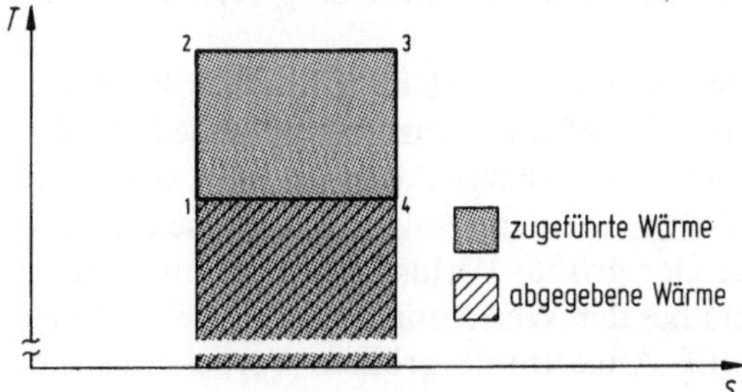

Bild 2. Carnot-Kreisprozeß im T,s-Diagramm

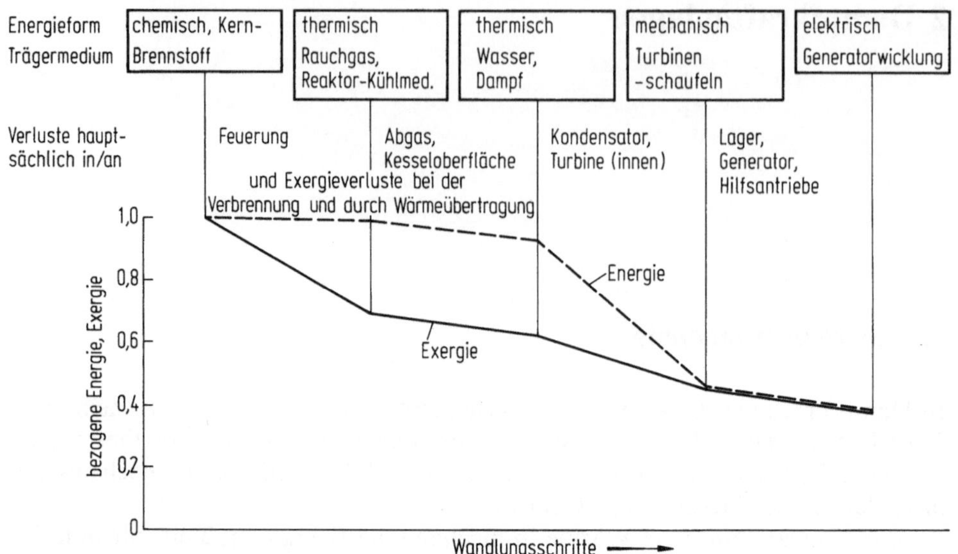

Bild 3. Umformung der Energie im Kraftwerk

niedrigstenfalls die Temperatur der Umgebung sein kann, da diese die Wärmesenke ist, an die die nicht umsetzbare Restwärme abgeführt wird.

Außer dem Wasser-Dampf-Kreisprozeß für die Umsetzung von Wärme in mechanische Energie laufen im Dampfkraftwerk noch weitere Energieumformungen ab (Bild 3), da ja von der chemischen bzw. Kernenergie des Brennstoffes auszugehen ist.

Die mit dem Fossil- oder Kernbrennstoff zugeführte chemische bzw. Kernenergie wird im ersten Schritt in thermische Energie umgeformt. Diese thermische Energie ist zunächst an das Rauchgas bzw. das Kühlmittel des Kernreaktors gebunden. Sie wird dann — immer noch in thermischer Form — an das Arbeitsmedium des Kreisprozesses (Wasser bzw. Dampf) übertragen. In der Expansionsmaschine wird ein Teil der thermischen Energie in Form von mechanischer Arbeit nutzbar gemacht, beispielsweise an den Schaufeln der Turbine, während der nicht gewinnbare Teil anschließend im Kondensator abgeführt wird. Die mechanische Energie an den Schaufeln bzw. der Turbinenwelle wird dann über die Welle dem elektrischen Generator zugeführt und von dort nach Wandlung als elektrische Energie in das Netz gegeben. Bei den einzelnen Übertragungs- und Wandlungsvorgängen nimmt die in den jeweiligen Trägermedien befindliche Energie in der im Bild 3 (gestrichelte Linie) dargestellten Weise ab.

Hiernach sieht es so aus, als ob der größte Verlust bei der Wandlung der thermischen Energie in mechanische Energie aufträte. Betrachtet man jedoch die Exergie, also denjenigen Teil der jeweiligen Energie, der in jede beliebige Energieform, insbesondere auch in mechanische Energie wandelbar ist, so erkennt man (s. Bild 3, durchgezogene Linie): Der größte Verlust an mechanisch bzw. elektrisch nutzbarer Energie tritt bereits bei der Wandlung der chemischen bzw. Kern-Energie in thermische Energie auf. Angestrebte größere Verbesserungen

müssen also an dieser Stelle bewirkt werden. Allerdings läßt sich die Wärmezufuhrtemperatur des Dampfkraftprozesses aus Werkstoffgründen nicht mehr sehr
steigern. Es gibt jedoch die Möglichkeit der Kombination mit anderen Prozessen,
auf die im Abschnitt 3.5.5 eingegangen wird.

2.2 Stoffströme

2.2.1 Art der strömenden Stoffe

Bei den vorgenannten Energietransport- und Wandlungsvorgängen sind erhebliche Stoffströme zu bewältigen.

Die größten Stoffströme sind folgende (in der Reihenfolge des Energieflusses)

a) Brennstoff,

b) Rauchgas,

c) Wasserdampf,

d) Kondensatorkühlwasser.

Im Bild 4 sind die Ströme unter Verwendung der Schaltungssymbole nach
DIN 2481 dargestellt. Der Brennstoffstrom wird der Anlage über Bunker, Bänder
etc. zugeführt. Er gelangt dann in einen Zuteiler, der die entsprechend der

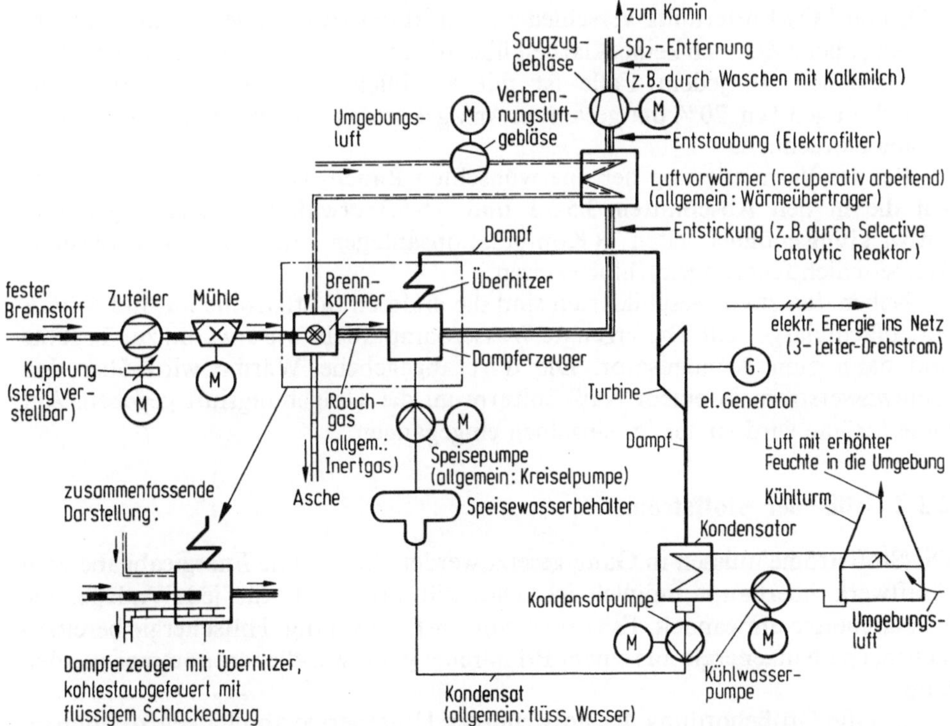

Bild 4. Flußbild der Stoffströme eines Kraftwerks für festen Brennstoff (vereinfacht)

Dampferzeugung notwendige Brennstoffmenge steuert. Als Stellglied ist hier eine Kupplung vorhanden, deren Abtriebsdrehzahl änderbar ist. Vom Zuteiler wird der Brennstoff in eine Mühle gegeben, um sodann in Staubform der Brennkammer zugeführt und dort unter Luftzufuhr verbrannt zu werden. Die Brennkammer ist hier aus didaktischen Gründen als besonderes Element getrennt vom Dampferzeuger dargestellt, obwohl sie baulich eine Einheit mit ihm bildet. Aus der Brennkammer fließt einerseits der Aschestrom, andererseits der Rauchgasstrom. Der Rauchgasstrom gibt im Dampferzeuger seine fühlbare Wärme ab und wird dann durch ein Saugzuggebläse über einen Luftvorwärmer in den Schornstein gefördert.

Die Verminderung der unerwünschten Beimengungen des Rauchgases geschieht heute (1986) folgendermaßen: Zwischen Kessel und Luftvorwärmer werden die Stickstoffoxide (NO_x) unter Zusatz von Ammoniak (NH_3) in einem katalytisch arbeitenden Reaktor reduziert. Diese Art von Reaktor muß vor dem Luftvorwärmer angeordnet werden, da für den Reaktionsablauf Temperaturen von 350...400 °C nötig sind. Die Entstaubung (meist durch Elektrofilter) wird zwischen Luftvorwärmer und Saugzuggebläse vorgenommen, da hierbei Arbeitstemperaturen < 200 °C nötig sind. Die Entfernung des SO_2 erfolgt unmittelbar vor dem Kamin, in der überwiegenden Zahl der Fälle durch Waschen mit Kalkmilch bei Temperaturen um 50 °C, wobei als Produkt Gips ($CaSO_4$) entsteht. Für die Abkühlung vor dem Waschen und die Wiederaufheizung danach sind Wärmeaustauscher und eventuell der Einsatz von zusätzlichem Brennstoff nötig.

Die Entstaubung mit Elektrofiltern ist langjährig erprobt, während für die NO_x und SO_2-Entfernung verschiedene Verfahren zwar eingesetzt und erprobt werden, aber z.Zt. noch keine Klarheit über die endgültigen Entwicklungsrichtungen bestehen. In jedem Falle ist mit erheblichen Anlagekosten für diese Einrichtungen (ca. 20% der gesamten Anlagekosten) und zusätzlichen Betriebskosten zu rechnen.

Bei der Verminderung der unerwünschten Rauchgasbeimengungen ist auch auf die in den Abschnitten 3.5.5.1 und 3.5.5.3 erwähnten Schaltungen und Entwicklungsmöglichkeiten (Kombinationsanlagen mit Kohle-Vergasung, Wirbelschichtfeuerungen) hinzuweisen.

Neben den zuvor geschilderten sind die anderen Stoffströme im Bild 4 stark vereinfacht dargestellt: Der erzeugte Wasserdampf fließt wie erwähnt zur Turbine und dann zum Kondensator. Die dort abgegebene Wärme wird über den Kühlwasserstrom in einem Naßkühlturm an die Umgebungsluft gegeben. Auf diese Ströme wird später im einzelnen eingegangen.

2.2.2 Größe der Stoffströme

Die Stoffströme müssen in Gang gesetzt werden, bevor eine Energieabgabe vom Kraftwerk überhaupt möglich ist. Dies gilt prinzipiell für jede Anlage, die Primärenergie umwandelt. Es ist also zunächst notwendig, Hilfsenergie bereitzustellen, ehe Nutzenergie aus einem Primärenergieumwandler entnommen werden kann.

Um die Größenordnung der notwendigen Hilfsenergie abschätzen zu können, soll ein kurzer Überblick über einige der zu bewältigenden Stoffströme gegeben werden. Der Überschlagsrechnung liegt ein kohleverbrennendes Kraftwerk mit einer Generatorleistung von 600 MW zugrunde.

Brennstoffmassenstrom

Der Brennstoffmassenstrom kann errechnet werden aus der Beziehung

$$\dot{m}_{\text{Brennstoff}} = \frac{\dot{m}_{\text{Dampf}}\Delta h_{\text{Dampferzeuger}}}{\eta_{\text{Dampferzeuger}} H_{\text{u Brennstoff}}}.$$

Der Dampfmassenstrom $\dot{m}_{\text{Dampf}}$ beträgt etwa 1800 t/h. Setzt man Δh Dampferzeuger zu 2900 kJ/kg und die Verluste des Dampferzeugers zu 7% an und geht von einem Brennstoff mit einem unteren Heizwert $H_{\text{u}} = 9000$ kJ/kg aus (entspricht Rohbraunkohle), so ergibt sich ein Brennstoffmassenstrom von rd. 600 t/h.

Dampfmassenstrom

Der mittlere Dampfmassenstrom in der Turbine ergibt sich aus

$$\dot{m}_{\text{Turb.mitt.}} = \frac{P_{\text{Laufradumfang}}}{\Delta h_{\text{Turb.mitt.}}},$$

wobei $P_{\text{Laufradumfang}}$ die mechanische Leistung am Laufrad ist, die sich aus der Generatorleistung ergibt

$$P_{\text{Laufrad}} = \frac{P_{\text{el. Generat.}}}{\eta_{\text{el. Generat.}}\eta_{\text{mech. Turb.}}}$$

mit dem Generatorwirkungsgrad $\eta_{\text{el. Generat.}}$ und dem mechanischen Wirkungsgrad der Turbine $\eta_{\text{mech. Turb.}}$. Somit beträgt der mittlere Dampfmassenstrom durch die Turbine

$$\dot{m}_{\text{Turb. mitt.}} = \frac{P_{\text{el. Generat.}}}{\eta_{\text{el. Generat.}}\,\eta_{\text{mech.}}\Delta h_{\text{Turb. mitt.}}}.$$

Unter Annahme von

$$\Delta h_{\text{Turb. mitt.}} = 1500\ \frac{\text{kJ}}{\text{kg}}\ \text{und}\ \eta_{\text{el. Generat.}}\eta_{\text{mech. Turb.}} = 0{,}97$$

ergibt sich ein mittlerer Dampfmassenstrom durch die Turbine von rd. 1500 t/h.

Der Dampfmassenstrom, den der Dampferzeuger abgibt, soll im vorliegenden Fall 20% größer als der mittlere Dampfmassenstrom der Turbine sein, bedingt durch die Entnahme von Dampf für Speisewasservorwärmung (er kann bis zu etwa 1/3 größer sein, s. Abschnitt 2.3). Damit ergibt sich der oben genannte Dampfmassenstrom im Dampferzeuger von rd. 1800 t/h.

Der Volumenstrom des Dampfes am Ende der Turbine kann aus dem spezifischen Volumen des Wasserdampfes und dem Dampfmassenstrom am Ende der Turbine ermittelt werden. Dieser Volumenstrom beträgt mehr als 10 000 m^3/s bei einem Kondensatordruck von 0,04 bar entsprechend rd. 29°C. Mit steigender Kondensatortemperatur steigt der Druck bzw. sinkt das spezifische Volumen. Jedoch ergeben sich stets erhebliche Abdampfvolumenströme.

Kühlwassermassenstrom

Ein weiterer wichtiger Stoffstrom ist der Kühlwassermassenstrom. Dieser ergibt sich durch Multiplikation des in den Kondensator strömenden Dampfmassenstromes mit der dort abzuführenden Verdampfungsenthalpie, dividiert durch die Aufwärmspanne des Kühlwassers im Kondensator. Nimmt man eine Aufwärmspanne von 10K an, so ergibt sich für die oben beispielhaft genannte Anlage ein Kühlwassermassenstrom von etwa 67000 t/h, also etwa das 45fache des mittleren Dampfmassenstromes. Je nach Aufwärmespanne kann das Verhältnis Kühlwassermassenstrom zu Dampfmassenstrom zwischen etwa 30 und etwa 80 liegen. (Die Aufwärmspanne wird nicht frei gewählt. Sie beeinflußt die mittlere Wärmeabfuhrtemperatur und damit den Wirkungsgrad des Prozesses. Somit ist die Aufwärmspanne das Ergebnis von Optimierungsrechnungen, in denen die Erträge (Gewinn an elektrischer Energie) den Aufwänden (Investitions- und Betriebskosten) gegenübergestellt werden.)

Unter Zugrundelegung der oben überschlägig angegebenen Massenströme ergeben sich für ein Braunkohlenkraftwerk etwa folgende Bedarfszahlen für die größeren Antriebe:

	% der Leistung an den Generatorklemmen	bei einem 600 MW-Kraftwerk in MW
Kesselspeisepumpe	1,4 ... 2,0	8 ... 12
Mühlen und Mühlengebläse	1,2 ... 1,6	7 ... 10
Hauptkühlwasserpumpen	0,5 ... 1,2	3 ... 7
Kohletransport und -zuteilung	0,3 ... 0,6	2 ... 4
Saugzuggebläse	0,3 ... 0,5	2 ... 3
Verbrennungsluftgebläse	0,2 ... 0,4	1 ... 2
Schmierölpumpen	0,1 ... 0,3	0,5 ... 2
Entaschung	0,1 ... 0,2	0,5 ... 1
Strahlwasser- und Nebenkühlwasserpumpen	0,1 ... 0,2	0,5 ... 1
Sonstige	0,2	1

Bei einem Flüssig- oder Gasbrennstoff-Kraftwerk liegt dieser Leistungsbedarf niedriger, da die Brennstoffmahl- und -antransporteinrichtungen wegfallen.

Als Antriebseinrichtungen werden meist Elektromotoren verwendet. Lediglich die Hauptkesselspeisepumpe wird bei großen Anlagen und dementsprechend großer Leistung durch eine gesonderte Turbine angetrieben (auch wegen der Möglichkeit der Drehzahländerung).

2.3 Wasser-Dampf-Kreislauf

2.3.1 Kreisprozesse

Nachdem oben die verschiedenen Stoffströme überschlägig betrachtet wurden, soll der Wasser-Dampf-Kreislauf genauer dargestellt werden, und zwar betrach-

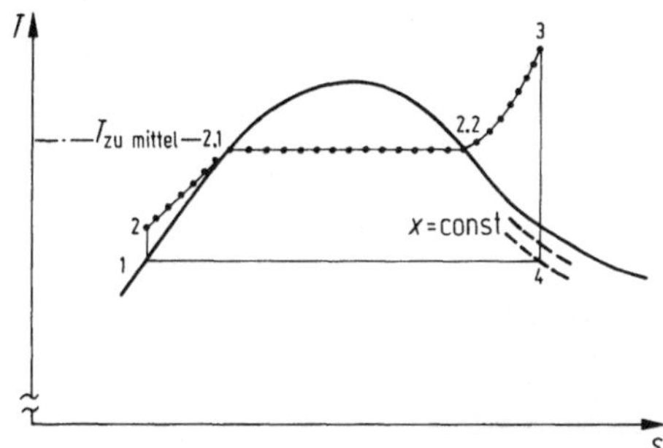

Bild 5. Clausius-Rankine-Prozeß im T,s-Diagramm (Abstand 1...2 überhöht gezeichnet)

ten wir zunächst den Prozess im T,s-Diagramm, Bild 5. Wir gehen aus vom Speisewasser, das mit niedrigem Druck und niedriger Temperatur zur Verfügung steht (Punkt 1) und durch die Speisepumpe auf einen höheren Druck gebracht wird (Punkt 2, Abstand 1 ... 2 überhöht gezeichnet).

Anschließend wird vom Punkt 2 zum Punkt 2.1 das Speisewasser erwärmt. Am Punkt 2.1 beginnt es zu sieden. Bei konstanter Temperatur wird weitere Wärme zugeführt und somit das gesamte Wasser allmählich in Dampf verwandelt. Beim Erreichen der Taulinie (Punkt 2.2) beginnt die Temperatur zu steigen, der Dampf wird bis zum Punkt 3 überhitzt, sodann wird er der Entspannungsmaschine zugeführt, die ihn unter Temperaturabsenkung bis zum Punkt 4 im Naßdampfgebiet entspannt. Im Punkt 4 beginnt die Wärmeabfuhr und damit die Überführung des noch in Dampfform vorhandenen Wassers in flüssiges Wasser.

Man bezeichnet diesen Prozeß als Clausius-Rankine-Prozeß. Alle Zustandsänderungen werden als reversibel angenommen. Der Prozeß dient als Vergleichsprozeß für Wärmekraftanlagen, die mit der flüssigen und der gasförmigen Phase eines Mediums arbeiten. Die Zustandsänderungen, auf denen Wärme zugeführt wird, sind im Diagramm durch Punktierung gekennzeichnet. Von 2 über 2.1 und 2.2 bis 3 wird isobar die Wärmemenge q_{zu} zugeführt. Die mittlere Temperatur der Wärmezufuhr $T_{zu\ mittel}$ ist

$$T_{zu\ mittel} = \frac{q_{zu}}{\Delta s}$$

q_{zu} pro Masseneinheit zugeführte Wärme, Δs Änderung der spezifischen Entropie. Mit wachsender Überhitzungstemperatur steigt $T_{zu\ mittel}$.

Auch bei Anwendung der Zwischenüberhitzung steigt die mittlere Temperatur der Wärmezufuhr wie im Bild 6 dargestellt, da durch die Wärmezufuhr bei hoher

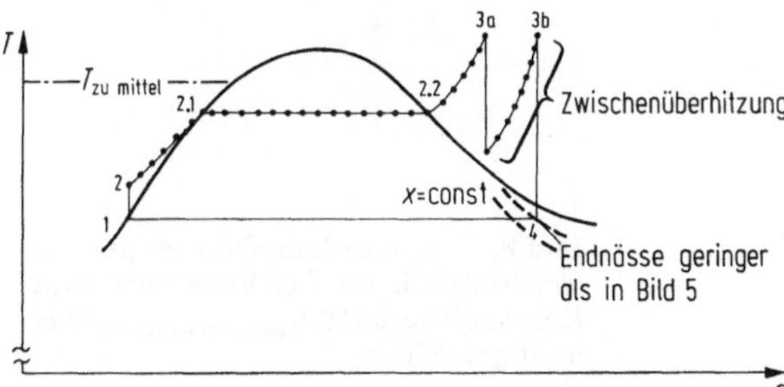

Bild 6. Clausius-Rankine-Prozeß mit Zwischenüberhitzung (Abstand 1...2 überhöht gezeichnet)

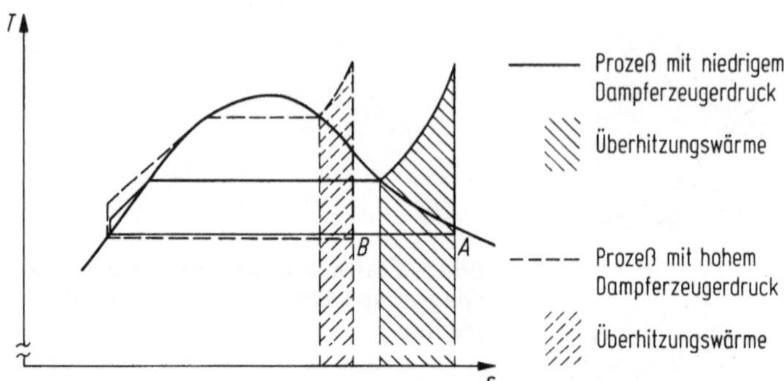

Bild 7. Clausius-Rankine Prozesse mit unterschiedlich hohen Drücken bei der Wärmezufuhr (Δ $t_{\text{Speisewasserpumpe}}$ überhöht gezeichnet)

Temperatur während der Zwischenüberhitzung das Temperaturniveau der Wärmezufuhr insgesamt angehoben wird. Dadurch verbessert sich der thermische Wirkungsgrad/Umwandlungsgrad.

Außerdem vermindert sich durch die Zwischenüberhitzung die Dampfnässe am Ende der Expansion, wie aus einem Vergleich der Bilder 5 und 6 hervorgeht.

Die Verbesserung des thermischen Wirkungsgrades/Umwandlungsgrades durch die Überhitzung ist abhängig vom Druck bei dem gearbeitet wird, da der Anteil der Überhitzungswärme an der gesamten Wärmezufuhr vom Druck abhängig ist, wie Bild 7 zeigt (aus didaktischen Gründen sind zwei extreme Prozesse mit einfacher Überhitzung einander gegenübergestellt).

Aus Bild 7 wird auch ersichtlich, daß Druck und Temperatur am Ende der Überhitzung nicht völlig unabhängig voneinander gewählt werden können, wenn man, wie in der Praxis notwendig, auf einen bestimmten maximalen Wassergehalt am Ende der Expansion Wert legt. Eine Erhöhung des Dampferzeugerdruckes würde für den Fall, daß dabei nicht gleichzeitig die Überhitzungsendtemperatur erhöht wird, zu einer Vergrößerung der Endnässe (Punkt B weist eine wesentlich größere Endnässe auf als Punkt A). Die gleichen Überlegungen gelten für eine Anlage mit Zwischenüberhitzung.

Die bisher geschilderten Prozesse mit Überhitzung bzw. Zwischenüberhitzung dienen als Vergleichsprozesse für Fossilbrennstoff-Kraftwerke und auch als Vergleichsprozesse für Kernkraftwerke, deren Reaktorkühlgas das Medium, welches den Clausius-Rankine-Prozeß durchläuft, beheizt. Bei diesen Kernreaktoren hat das Reaktorkühlgas Temperaturen bis zu etwa 900°C und macht damit ähnliche Temperaturen bei der Überhitzung des Wasserdampfes wie in den

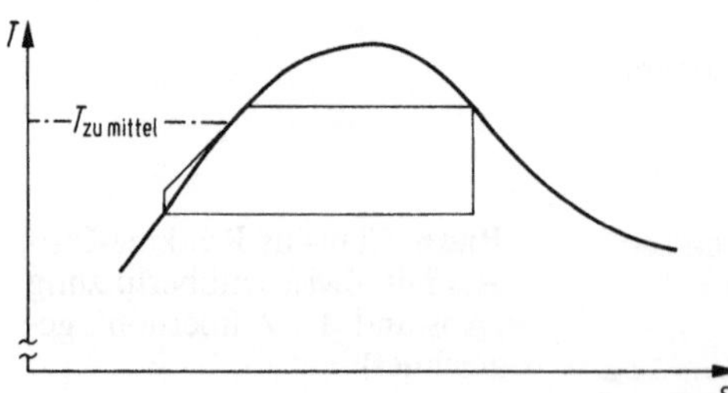

Bild 8. Sog. Sattdampfprozeß als Vergleichsprozeß für Leichtwasserreaktor-Kernkraftwerke (Δ $t_{\text{Speisewasserpumpe}}$ überhöht gezeichnet)

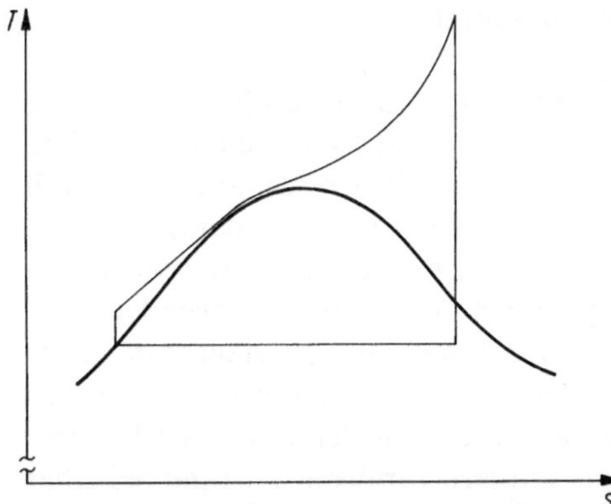

Bild 9. Clausius-Rankine-Prozeß mit Verdampfung bei überkritischem Druck (Δ $t_{\text{Speisewasserpumpe}}$ überhöht gezeichnet)

Fossilbrennstoff-Kraftwerken möglich. Bei bestimmten anderen Kernkraftwerken sind aus reaktorseitigen Gründen jedoch nur Prozesse ohne oder mit geringer Überhitzung möglich. Diese sogenannten Sattdampfprozesse (Bild 8) haben somit eine niedrigere mittlere Temperatur der Wärmezufuhr (etwa 300°C). Sie haben deshalb einen entsprechend niedrigeren thermischen Wirkungsgrad/Umwandlungsgrad.

Verdampfung kann nicht nur bei unterkritischem Druck, wie bisher geschildert, erfolgen, sondern auch bei überkritischem Druck. Der Vorgang ist im T,s-Diagramm (Bild 9) dargestellt.

Der Steigerung der Überhitzungsendtemperatur zum Zwecke der Verbesserung des thermischen Wirkungsgrades/Umwandlungsgrades sind von seiten des Werkstoffes Grenzen gesetzt. Während man in den 50er Jahren bei einigen Anlagen auf Überhitzungstemperaturen von über 600°C ging und hierbei an einigen Stellen von Dampferzeuger und Turbinen austenitische Werkstoffe verwenden mußte, wurden danach wieder vorwiegend Anlagen mit Temperaturen bis zu etwa 540°C gebaut, bei denen kostengünstigere ferritische Werkstoffe verwendet werden können. Für die Festlegung der oberen Temperatur des Prozesses sind Kosten-Nutzen-Überlegungen bestimmend, in denen die Erhöhung der Amortisation der Anlagekosten den zu erwartenden Einsparungen an Betriebskosten gegenübergestellt wird und hieraus die Funktion der Gesamtkosten in Abhängigkeit von Druck und Temperatur aufgestellt werden kann, die ein Optimum aufweist. Zur Zeit werden im Hinblick auf mögliche Brennstoffkostensteigerungen höhere Überhitzungstemperaturen über 540°C verstärkt diskutiert. Hierbei ist die Prognose der Brennstoffkostenentwicklung über den Amortisationszeitraum des Kraftwerkes (etwa 20 a) ein besonders schwieriger Punkt.

Die gleichen Überlegungen bezüglich Kosten-Nutzen gelten für die Anzahl der Zwischenüberhitzungen: dem erhöhten Aufwand an Zwischenüberhitzerfläche, Rohrleitungen usw. durch eine zweite Zwischenüberhitzung stehen Ersparnisse infolge Verminderung des Wärmeverbrauchs gegenüber. Optimal ist unter heutigen Kosten die einfache Zwischenüberhitzung. Bezüglich der Zahl der Zwischenüberhitzungen ist noch zu bedenken, daß — wie erwähnt — mit wachsender Anzahl der Zwischenüberhitzungen bei festliegender Entspannungsendtemperatur die Endnässe sinkt. Dies kann für die Betriebssicherheit bzw. Verfügbarkeit der Turbine von Bedeutung sein.

2.3.2 Speisewasservorwärmung durch Anzapfdampf

Neben der Erhöhung der mittleren Wärmezufuhrtemperatur durch Überhitzung, die — wie erläutert — durch die Werkstoffe begrenzt ist, kann man die mittlere Temperatur der Wärmezufuhr von außerhalb des Prozesses auch dadurch erhöhen, daß man die zur Erwärmung des Speisewassers zwischen den Punkten 2 und 2.1 (s. Bild 5) notwendige Wärmemenge dem Prozeß nicht von außen zuführt, sondern hierfür Dampf aus Anzapfungen der Turbine verwendet.

Dieser Vorgang der internen Wärmezufuhr kann im T,s-Diagramm nicht direkt dargestellt werden, aber auf folgende Weise verständlich gemacht werden (Bild 10): Man läßt in der Entspannungsmaschine nicht den gesamten Dampfmassenstrom bis zum Punkt 4 expandieren, sondern zapft die Turbine bei einer Temperatur gemäß Punkt 4.01 an. Dem Anzapfdampfstrom entnimmt man seine Überhitzungs- und Verdampfungsenthalpie, so daß er zum Punkt 2.01 gelangt. Die dem Dampf entnommene Wärmemenge wird zur Erwärmung des Speisewassers vom Punkt A auf den Punkt B (Bild 11) verwendet. Der entnommene Dampfmassenstrom ist klein gegen den Speisewassermassenstrom, da die auf die Masseneinheit bezogene (spezifische) Verdampfungsenthalpie groß ist, während das Speisewasser eine dagegen verhältnismäßig kleine spezifische Wärmekapazität hat und nur über einen geringen Bereich in seiner Temperatur erhöht werden muß (Bild 11). In diesem Bild ist dargestelllt, welchen Kreisprozeß der oberste Anzapfdampfstrom durchläuft.

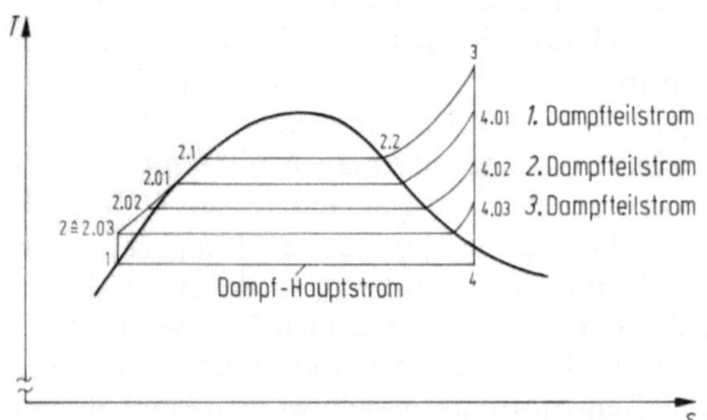

Bild 10. Teil-Kreisprozesse der verschiedenen Anzapfströme (jeder Dampf-Teilstrom wird ohne Wärmeabfuhr nach außen zur Aufwärmung des Speisewassers an der temperaturmäßig geeigneten Stelle der Wassererwärmungs-Zustandsänderung benutzt) (Abstand 1...2 überhöht gezeichnet)

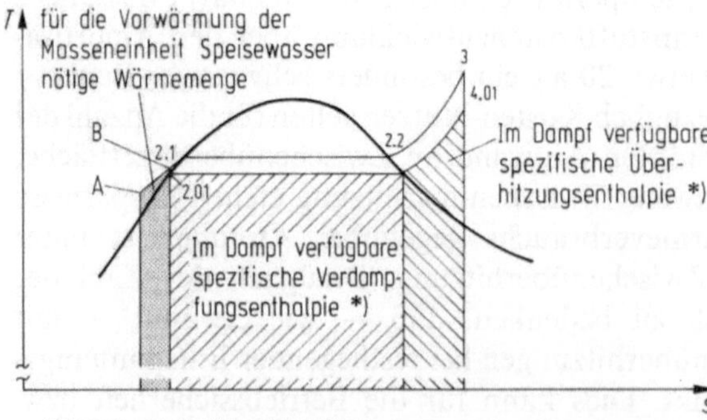

Bild 11. Kreisprozeß des obersten Anzapfstromes

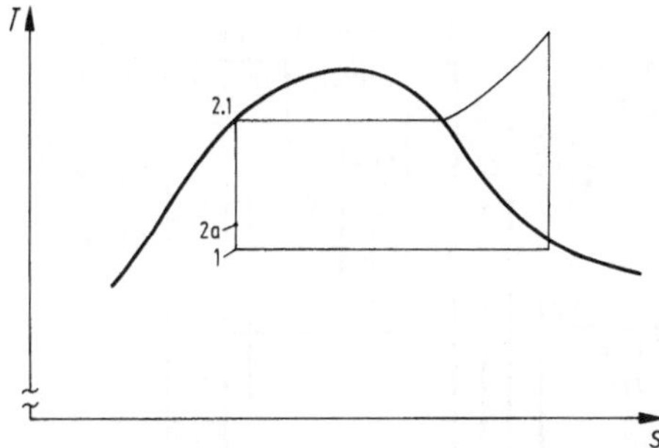

Bild 12. „Carnotisierung" bei unendlich großer Speisewasservorwärmer-Stufenzahl (Abstand 1...2a überhöht gezeichnet)

In gleicher Weise wird die Entspannungsmaschine im Punkt 4.02 (Bild 10) angezapft und die Wärme dieses Anzapfdampfes zur Vorwärmung des Speisewassers in dem übrigen Temperaturbereich des Speisewassers ab Punkt 2 bis Punkt A (Bild 11) verwendet. Durch diese Speisewasservorwärmung durch Anzapfdampf braucht also die Energie zur Erwärmung des Speisewassers zwischen Punkt 2 und 2.1 nicht von außen zugeführt werden, sondern wird aus dem Prozeß bereitgestellt.

Man kann sich dies energetisch so vorstellen: Könnte man die zur Vorwärmung zwischen T_2 und $T_{2.1}$ um dT jeweils nötige Wärmemenge prozeßintern aus Anzapfdampf reversibel zuführen, so entfielen alle Flächen links von 2.1 und es ergäbe sich eine Isentrope 2a, 2.1 (Bild 12).

Man erreicht also mittels dieser Speisewasservorwärmung durch Anzapfdampf eine Annäherung des Prozesses an den Carnot-Prozeß, der ja an dieser Stelle — angrenzend an die beiden Isothermen — eine Isentrope vorschreibt. Man bezeichnet somit die Speisewasservorwärmung durch Anzapfdampf auch als Carnotisierung des Clausius-Rankine-Prozesses. Es ergibt sich damit eine Verbesserung des thermischen Wirkungsgrades/Umwandlungsgrades. Bei einem Prozeß ohne Überhitzung ergäbe sich unter Voraussetzung der Reversibilität sogar ein reiner Carnot-Prozeß, also ein Prozeß mit dem besten denkbaren thermischen Wirkungsgrad/Umwandlungsgrad. So wäre ein sog. Sattdampfprozess (s. Bild 8) in einem Kernkraftwerk mit Leichtwasser-Reaktor, von der Prozeßform her gesehen, recht günstig. Trotzdem ist der thermische Wirkungsgrad/Umwandlungsgrad eines solchen Kernkraftwerkes niedriger als der eines mit Fossilbrennstofff gefeuerten Kraftwerkes, da das Kernkraftwerk, wie schon erwähnt, aus reaktorseitigen Gründen mit einer niedrigen mittleren Wärmezufuhrtemperatur arbeiten muß.

2.3.3 Ausführungsbeispiel für den Wasser-Dampf-Kreislauf

Wir wollen uns nun doch mit einem Ausführungsbeispiel für den Wasser-Dampf-Kreislauf etwas näher beschäftigen. Eine vereinfachte Schaltung mit Enthalpiewerten, Drücken und Temperaturen etc. ist im Bild 13 dargestellt.

Es handelt sich um einen Kraftwerksblock mit einfacher Zwischenüberhitzung und 8-stufiger Speisewasservorwärmung durch Anzapfdampf. Der Turbosatz ist in Hochdruck(HD)-, Mitteldruck(MD)- und Niederdruck(ND)-Teil aufgeteilt. Dem zweiflutigen ND-Teil sind weitere gleichartige parallel geschaltet, die

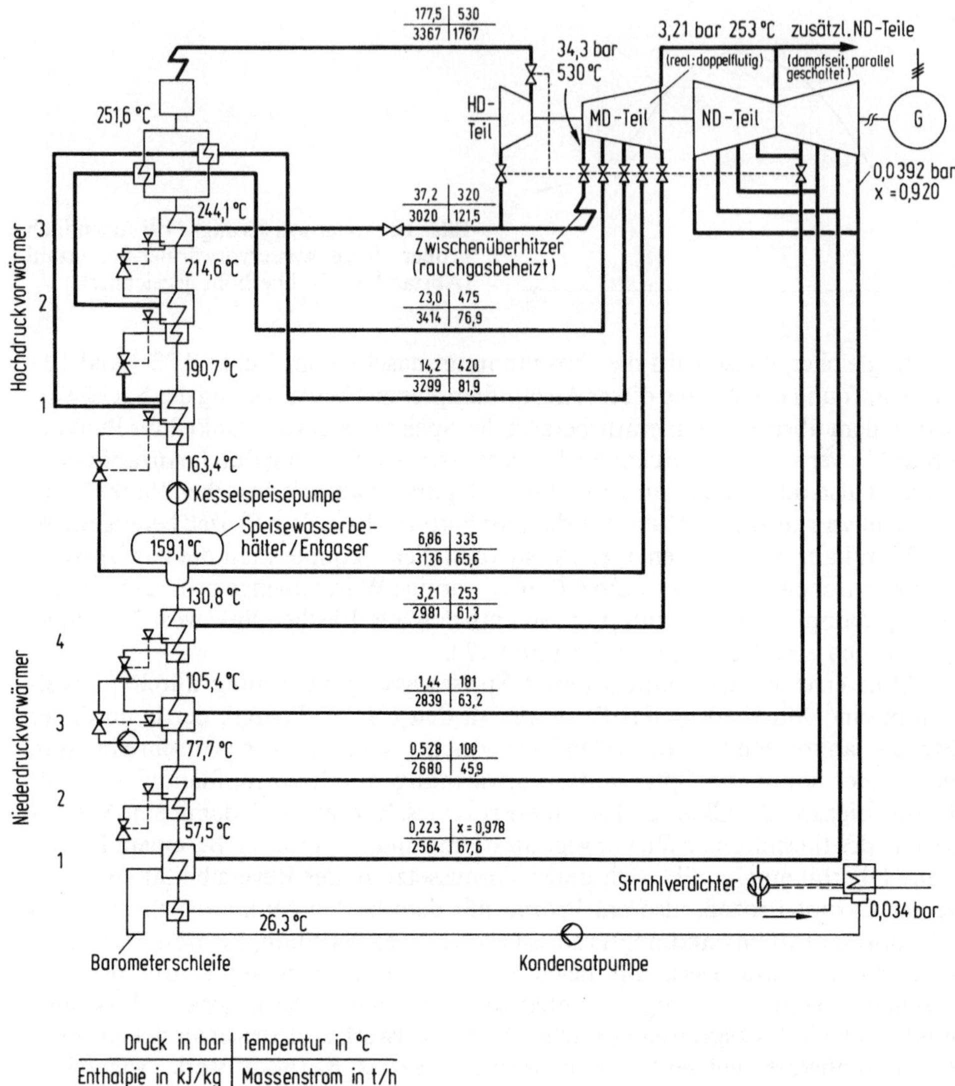

Bild 13. Wasser-Dampf-Kreislauf (Beispiel)

hier aus Platzgründen weggelassen wurden. Der MD-Teil ist übersichtlichkeitshalber nur einflutig gezeichnet.

Auf folgendes soll besonders hingewiesen werden: Aus den beiden ersten Anzapfungen der MD-Turbine wird der jeweilige Dampf zunächst über einen Enthitzer geführt. Im Sinne einer guten Exergieausnutzung wird hierin die Überhitzungswärme (hohen Temperaturniveaus) dazu benutzt, das Speisewasser unmittelbar vor dem Eintritt in den Dampferzeuger zu erwärmen, während die Kondensationswärme bei niedrigerer Temperatur im ersten und zweiten Hochdruckvorwärmer an Speisewasser niedriger Temperatur abgegeben wird.

Weiterhin fällt auf, daß die Dampftemperatur vor dem Speisewasserbehälter/Entgaser, der als Mischvorwärmer arbeitet, verhältnismäßig hoch gegenüber der des vorzuwärmenden Speisewassers ist. Der Grund für den verhältnismäßig großen Exergieunterschied zwischen wärmeabgebendem und wärmeaufnehmendem Medium liegt hier darin, daß sichergestellt werden muß, daß auch bei Teillasten eine Vorwärmung bzw. Entgasung bei etwa denselben Temperaturen wie bei Vollast erfolgen kann. Bei Teillast sinkt gegenüber Vollast der Zustand des Dampfes an der Turbinenanzapfung ab, so daß in dem hier dargestellten Vollastzustand eine gewisse Reserve für solche Absenkung enthalten sein muß.

Noch einige Worte zur Kondensatabfuhr aus den Oberflächen-Speisewasservorwärmern: In dem gezeichneten Bild sind mehrere verschiedene Möglichkeiten dargestellt. Das Kondensat aus dem untersten Niederdruckvorwärmer wird über eine Barometerschleife und einen Kühler vor die Kondensatpumpe gegeben. Die Barometerschleife dient zur Überbrückung des Druckunterschiedes zwischen Anzapfleitung und Kondensator. Im linken Schenkel (in Bild 13) dieser Schleife steht also das Kondensat entsprechend dem Druckunterschied niedriger als im rechten und verhindert damit einen Dampfkurzschluß über die letzten Stufen der Niederdruckturbine. Da die Länge der beiden Schenkel wegen der möglichen Bauhöhe begrenzt ist, kommt die Barometerschleife nur für geringe Druckunterschiede (einige Zehntel bar) in Frage. Für größere Druckunterschiede ist eine andere Möglichkeit der Kondensatabfuhr beim nächsten Niederdruckvorwärmer dargestellt. Dort wird das Kondensat über ein Ventil abgeleitet, das in Abhängigkeit von der Höhe des Wasserstandes im Vorwärmer gesteuert wird. Das über das Ventil abfließende Kondensat wird in den darunterliegenden Vorwärmer geführt, um dort noch verfügbare Exergie an das Speisewasser abzugeben und gelangt dann mit dem Kondensat des letztgenannten Vorwärmers über die Barometerschleife vor die Kondensatpumpe. Eine dritte Art der Kondensatabführung ist am dritten Niederdruckvorwärmer dargestellt. Dort wird das Kondensat ebenfalls über ein in Abhängigkeit vom Wasserstand im Vorwärmer gesteuertes Ventil abgeführt, allerdings direkt in die Speisewasserleitung an diesem Vorwärmer. Da der Druck auf der Dampfseite dieses dritten Niederdruckvorwärmers nicht so hoch ist wie der Druck in der Speisewasserleitung, muß eine Pumpe eingesetzt werden die das Kondensat über das erwähnte Ventil in die Speisewasserleitung fördert. Diese Pumpe fördert auch das dem dritten Niederdruckvorwärmer aus dem vierten Niederdruckvorwärmer zufließende Kondensat.

Vor der HD- und MD-Turbine sind Ventile angebracht, die im Schnellschlußfalle geschlossen werden. Ein solcher Schnellschlußfall tritt beispielsweise ein, wenn die Energieabgabe an das elektrische Netz plötzlich unterbrochen werden muß. Die vom Turbosatz nicht mehr abgebbare Energie wirkt sich als Erhöhung der Rotationsenergie der drehenden Massen aus. Wenn diese Drehzahlerhöhung zu groß wird (mehr als ca. 10% der Nenndrehzahl), kann es zu mechanischen Schäden kommen. Daher muß die Energiezufuhr zur Turbine schnellstmöglich unterbrochen werden, d.h.

a) es darf kein Dampf mehr zugeführt werden,

b) es muß das Enthalpiegefälle über die Turbine durch parallel zu den Turbinenteilen geschaltete Umleiteinrichtungen mit Drosseleinrichtungen und z.T. mit Heißdampf-Kühlern überbrückt werden.

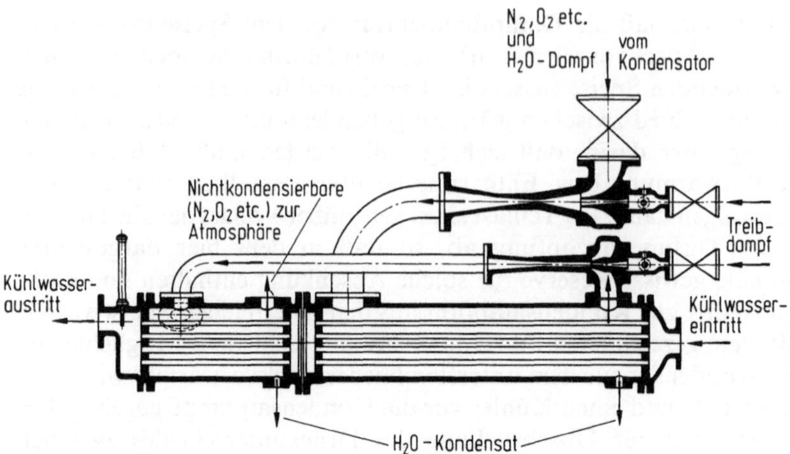

Bild 14. Strahlverdichter 2stufig für Kondensator-Entlüftung

Auch an allen Anzapfungen, die oberhalb des Atmosphärendruckes liegen, sind Ventile bzw. Klappen vorhanden, um zu verhindern, daß das in den Vorwärmern befindliche Kondensat bei der beim Schnellschluß auftretenden Druckabsenkung verdampft und damit der Turbine Energie zuführen könnte. Die unterhalb des Atmosphärendruckes liegenden Anzapfungen benötigen diese Einrichtungen nicht, da durch das Brechen des Vakuums beim Schnellschluß hier der Druck ansteigt und somit ein Verdampfen des in den zugehörigen Vorwärmern befindlichen Kondensates nicht möglich ist.

Durch einen Verdichter am Kondensator und durch Entgasung im Speisewasserbehälter wird der größte Teil der nichtkondensierbaren Gase, insbesondere Stickstoff und Sauerstoff, aus dem Wasser-Dampf-Kreislauf entfernt. Diese Gase können infolge des Unterdruckes im letzten Teil der Turbine und im Kondensator durch kleine, unvermeidbare Undichtigkeiten aus der Umgebung eindringen. Der Verdichter muß ein recht großes Druckverhältnis (etwa 1:30) aufweisen. Er wird daher mehrstufig ausgeführt. In Bild 14 ist als Beispiel ein zweistufiger Dampfstrahlverdichter dargestellt, wobei die zweite Stufe die nichtkondensierbaren Gase aus dem Kondensator der ersten Stufe ansaugt. Der Kondensator der ersten Stufe arbeitet bei etwa 0,2 bar, der Kondensator der zweiten Stufe bei Umgebungsdruck. In den Kondensatoren erfolgt die Trennung zwischen Treib- und mitangesaugtem Kondensatordampf einerseits und den nichtkondensierbaren Gasen (N_2, O_2 etc.) andererseits durch Niederschlagen des Dampfes. Die Nichtkondensierbaren werden aus dem Kondensator der zweiten Stufe dann in die Umgebung abgegeben.

Neben Dampfstrahlverdichtern kommen auch Wasserstrahlverdichter oder auch Kombinationen mit direkt mechanisch (durch einen Motor) angetriebenen Verdichtern, wie z.B. dem Wasserringverdichter, in Frage.

Die Entfernung der nichtkondensierbaren Gase im Hauptkondensator erfolgt, weil durch diese Gase das Vakuum hinter der Turbine verschlechtert wird, da ja der Gesamtdruck gleich der Summe der Teildrücke des Wasserdampfes und der anderen Gase, die bei der herrschenden Temperatur nichtkondensierbar sind, ist. Die Absaugung erfolgt nahe der Stelle der niedrigsten Temperatur des Hauptkondensators.

Eine weitergehende Entfernung dieser Gase erfolgt später im Speisewasserbehälter, der damit gleichzeitig als Entgaser dient. In diesem wird durch „Aufkochen" der größte Teil des Restes an diesen Gasen aus dem Speisewasser bis auf einige ppb (1 ppb = $1 \cdot 10^{-9}$ (Masse-) Anteil) ausgetrieben. Eine solche sehr weitgehende Entgasung ist nötig, u.a. weil der Sauerstoff im Kessel bei den herrschenden Rohrwandtemperaturen (teilweise über 550°C) zu starken Korrosionen führen würde.

2.3.4 Wärmeauskopplung zu Prozeß- und Heizzwecken

Anstelle oder parallel zur Dampfentnahme aus der Turbine zwecks Vorwärmung des Speisewassers kann Dampf auch entnommen werden, um seine Wärme für andere Zwecke außerhalb des Kraftwerkes nutzbar zu machen. Solche Koppelprozesse sind exergetisch günstig; denn für Heizvorgänge ist nur Wärme mit geringem Exergieanteil erforderlich. Dem Dampf wird also zunächst in der Turbine seine Exergie weitgehend entzogen und dann der Dampf, der noch immer etwa die Hälfte der Frischdampfenthalpie besitzt, für Heizzwecke eingesetzt.

Hierbei kann es sich um die Entnahme für Prozeßzwecke handeln, aber auch um die Auskopplung von Wärme zu Raumheizzwecken. In Industriebetrieben, in denen das Kondensat des ausgekoppelten Dampfes verhältnismäßig leicht und sauber wieder in den Kraftwerksprozeß zurückgeführt werden kann, führt man den Dampf von der Turbine direkt zum Verbraucher. In anderen Fällen trennt man den Kraftwerkskreislauf stofflich von der Verwendungsstelle der Wärme, indem man den Dampf aus der Turbine in sog. Heizkondensatoren führt. Dort schlägt man ihn nieder und gibt die dabei freiwerdende Wärme an ein anderes Medium ab, das sie dann an den Ort bringt, an dem sie gebraucht wird. Der letztgenannte Vorgang wird auch bei der Heizwärmeversorgung in Gebieten mit hoher Wärmebedarfsdichte, z.B. Innenstädten (Stadtheizung, Fernwärmeversorgung), verwendet. Man schaltet hierbei den oder die Heizkondensator(en) (Heiko) an einer temperaturmäßig geeigneten Stelle der Turbine an (s. Bild 15). Die Temperatur hängt von der gewünschten Vorlauftemperatur des Heizungsnetzes ab.

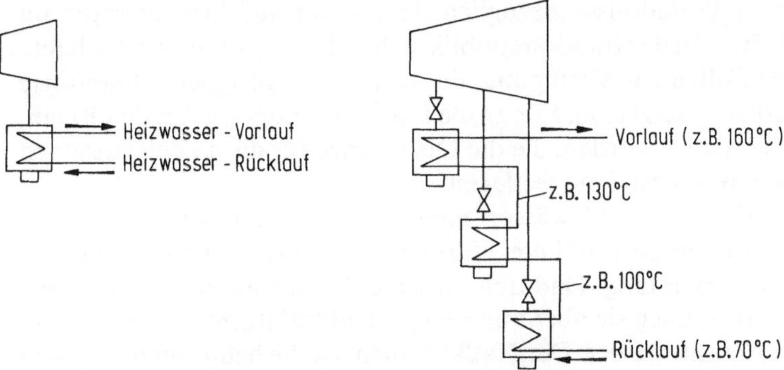

Bild 15. Heizwasseraufwärmung ein- und mehrstufig

Sofern eine große Temperaturdifferenz (Spreizung) zwischen Heizwärme-netzrücklauf und -vorlauf vorliegt, ist es zweckmäßig, eine mehrstufige Heizwasser-aufwärmung vorzunehmen. Hierbei wird, wie Bild 15 zeigt, das mit einer Temperatur von z.B. 70°C rücklaufende Heizwasser zunächst in einem Heiko auf beispielsweise 100°C vorgewärmt. Es wird sodann in einem zweiten Heiko, der an einer temperaturmäßig höher gelegenen Turbinenstufe angeschlossen ist, auf z.B. 130°C aufgewärmt. Schließlich wird es in einem dritten Heiko auf die gewünschte Vorlauftemperatur von z.B. 160°C gebracht. Durch ein solches mehrstufiges Vorgehen läßt sich die Exergienutzung gegenüber einem einstufigem verbessern: Der Dampf, der dem auf der niedrigsten Temperatur liegenden Heiko zugeführt wird, kann noch etwas mehr mechanische Arbeit (Exergie) an die Turbinenwelle abgeben als derjenige, der dem auf höherem Temperaturniveau arbeitenden Heiko zugeführt wird.

Die Steuerung der Austrittstemperatur des Heizwassers aus den Heizkonden-satoren geschieht dadurch, daß die zugeführte Dampfmenge durch Ventile eingestellt wird.

2.4 Wärmeabfuhr an die Umgebung

Soweit der Dampf nicht für die Speisewasservorwärmung bzw. Heizwassererwär-mung aus der Turbine abgeführt wird, wird er hinter der letzten Turbinenstufe dem Hauptkondensator zugeführt und dort niedergeschlagen. Es sind grundsätz-lich zwei Arten der Wärmeabfuhr aus diesem Kondensator zu unterscheiden:

a) Abfuhr der Kondensationswärme an Kühlwasser,
b) Abfuhr der Kondensationswärme an Luft.

In den weitaus meisten Fällen wird der Dampf im Kondensator durch Wärmeübertragung an Wasser niedergeschlagen. Hier ist zu unterscheiden zwischen:

a.1) Oberflächenkondensation und
a.2) Mischkondensation.

Das Kühlwasser des Oberflächenkondensators (a.1) kann entweder aus vorhandenen Gewässern (Flüssen oder dem Meer) entnommen werden, oder es wird in besonderen Kühltürmen zurückgekühlt. Die Verwendung von Flußwasser ergibt die günstigsten Verhältnisse bezüglich der Wärmeabfuhrtemperatur im Jahresmittel (10...15°C). In der Bundesrepublik steht allerdings Flußwasser heute nur noch in wenigen Fällen zur Verfügung, da die meisten geeigneten Standorte bereits mit Kraftwerken besetzt sind. Für große Fließgewässer, wie z.B. den Rhein, sind Wärmelastpläne erstellt worden, die die Obergrenze für die an den einzelnen Orten einzuleitenden Wärmeströme festlegen.

Ist eine Wärmeabgabe an Gewässer nicht möglich, müssen Kühltürme eingesetzt werden. Diese ergeben höhere Wärmeabfuhrtemperaturen im Jahres-mittel als die Flußwasserkühlung. Dadurch, daß die Wärme an die Umgebungs-luft abgegeben wird, benötigen sie aber nur wenig (Naßkühlturm) oder gar kein (Trockenkühlturm) Zusatzwasser. Der Naßkühlturm ist die heute am häufigsten eingesetzte Bauart. In dieser Art Kühlturm wird ein Teil des Kühlwassers verdampft. Die Wärmeübertragung findet also größtenteils durch Stoffaustausch statt. Im Naßkühlturm wird die Oberfläche des Wassers durch Auflösen in Tropfen vergrößert, die mit der Luft in Berührung gebracht werden. Ein solcher Kühlturm entwickelt einen natürlichen Zug, da die Dichte des Wasserdampfes geringer ist als die der Luft. Der Naßkühlturm ergibt in Mitteleuropa Wärmeabfuhrtemperaturen von etwa 25°C im Jahresmittel. In einigen Fällen wird er auch als sogenannter Ablaufkühlturm eingesetzt, und zwar in Kraftwerken, die an sich ihr Kühlwasser aus einem Fließgewässer beziehen, bei denen aber im Sommer unter Umständen die höchstzulässige Wiedereinleitungstemperatur überschritten wird, sodaß in diesem Falle dann der Ablaufkühlturm in Betrieb genommen wird.

In neuerer Zeit hat man sich u.a. aus Umweltbeeinflussungsgründen auch mit dem Trockenkühlturm intensiver beschäftigt, bei dem das Kühlwasser seine Wärme ausschließlich durch Oberflächenwärmeübertragung an die Umgebungsluft abgibt. Ein solcher Kühlturm ist bauaufwendiger als ein Naßkühlturm, da Wärmeübertrager verwendet werden müssen. Er weist auch u.a. eine größere Höhe als der Naßkühlturm auf, da der zusätzliche Auftrieb, der aus der geringeren Dichte des Wasserdampfes gegenüber Luft resultiert, beim Trockenkühlturm entfällt. Er könnte aber in Zukunft bis zu einem gewissen Grade eingesetzt werden, auch als Mischform aus Naß- und Trockenkühlturm. Den z. Zt. einzigen in der Bundesrepublik vorhandenen Trockenkühlturm zeigt Bild 16 (links neben ihm ein Naturzug-Naßkühlturm). Der Kühlturmmantel wird bei diesem Trok-

Bild 16. Naß-Kühltürme (Ventilator- und Naturzug-) und Trocken-Kühlturm (Aero-Lux, Frankf./M., Freig. Reg.-Präs. Darmstadt Nr. 167/76)

kenkühlturm aus einem Seilnetz gebildet, das über einen Tragring, mehrere Stützringe und durch Verspannung seine Form erhält. Es ist an einem in der Mitte des Kühlturmes befindlichen Betonturm aufgehängt und gegen den Erdboden verspannt. Während das Seilnetz das Stützgerüst des Kühlturmmantels bildet, erfolgt die Luftführung durch eine Beplankung mit Aluminiumblechen. Die Behälter für die Aufnahme des Kühlwassers bei Außerbetriebnahme bzw. bei Einfriergefahr sind im Fuß des Betonturmes untergebracht. Der Vergleich mit dem links daneben stehenden Naturzug-Naßkühlturm für etwa die gleiche Blockleistung ($320\,\mathrm{MW_{el}}$) bzw. die beiden vor dem letztgenannten stehenden Ventilatorkühltürme (für $2 \times 170\,\mathrm{MW_{el}}$) zeigt die Größenverhältnisse.

Bei der Mischkondensation (a.2) wird das Kühlwasser mit dem Dampf ohne trennende Fläche zusammengebracht; dies setzt voraus, daß das Kühlwasser Speisewasserqualität hat. Das Kühlwasser wird meist dadurch bereitgestellt, daß ein Speisewasserteilstrom in Oberflächenwärmeaustauschern rückgekühlt und dann in einen Mischkondensator eingespritzt wird. Das Verfahren hat den Vorteil, daß im Kondensator selbst nur eine geringe Temperaturdifferenz nötig ist. Die Wärmeabgabe an die Luft geschieht in Oberflächenwärmetauschern, für die ebenfalls ein größerer Bauaufwand erforderlich ist. Auch dieses System kommt eher für Sonderfälle in Frage und ist bisher nur für kleinere bis mittlere Leistungen ausgeführt worden.

Die Abfuhr der Kondensationswärme direkt an die Luft (System b) bedingt sehr große Oberflächen, da ja auf beiden Seiten der Wärmeübertragerfläche gasförmige Medien vorhanden sind. Die Größe dieser Oberfläche ist aus baulichen Gründen begrenzt. Weiterhin hat die aus Rohren etc. zu bildende Oberfläche eine entsprechend große Anzahl von Verbindungsstellen, die Proble-

Bild 17. Dampfkraftwerk 1×700 MW Steinkohle, 2×100 MW Heizöl und Gas (KWU, Stuttgarter Luftbild Elsäßer, Freig. Reg.-Präs. Stuttgart Nr. 9/62484)

me durch die Möglichkeit des Eindringens von Luft verursachen können. Eine große Oberfläche bedingt natürlich auch entsprechend hohe Kosten. Auch ist Zwangsbelüftung (durch Gebläse) mit entsprechenden Anlage- und Betriebskosten erforderlich. Aus den genannten Gründen kommt die Luftkondensation nur für kleinere bis mittlere Leistungen (bis zu einigen 10^2 MW) in Frage und auch nur dann, wenn besondere Bedingungen vorliegen, wie z.B. das Fehlen von Wasser bzw. abnorm hohe Wasserbeschaffungskosten am Standort des Kraftwerkes.

2.5 Ausgeführte Anlagen

Wir wollen nun noch Ausführungsbeispiele von Kraftwerken betrachten.

Zunächst ein Blick auf ein Kraftwerk aus der Vogelperspektive (Bild 17), um einen Überblick zu gewinnen. Das Kraftwerk besteht aus einem großen (700 MW$_{el}$) steinkohlegefeuerten Block und zwei kleinen (2 × 100 MW$_{el}$) Öl/Gas

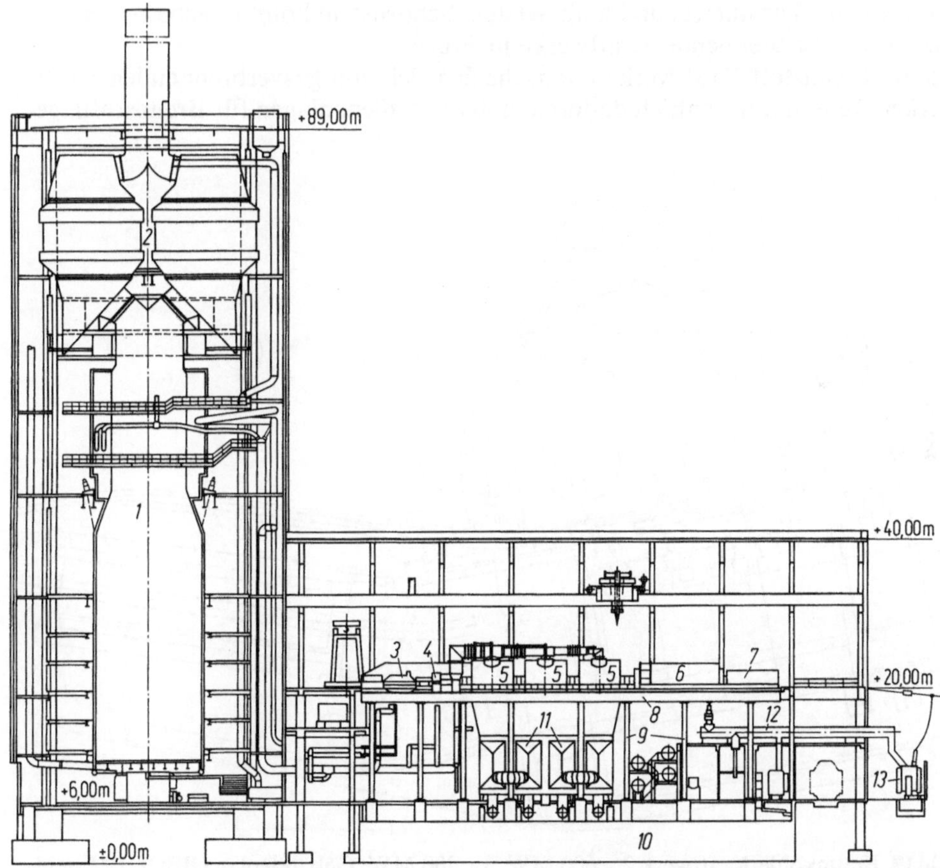

Bild 18. Dampfkraftwerk mit Turmkessel: Schnitt, schematisiert (MAN). *1* Dampferzeuger (Turmkessel), *2* Luftvorwärmer (regenerativ) Turbosatz, *3* HD-Teil, *4* MD-Teil, *5* ND-Teil, *6* Generator, *7* Erregermaschinen, Fundament, *8* Tischplatte, *9* Stützen, *10* Grundplatte, *11* Kondensatoren, *12* Generatorausleitung, *13* Maschinentransformator

verbrennenden Blöcken. (Der Begriff Block bedeutet, daß Kessel und Turbosatz einander fest zugeordnet sind.) Zunächst fallen als große Bauwerke die beiden hohen Schornsteine und der Naturzug-Naßkühlturm auf, ferner das Kesselhaus des großen Blockes. Bei diesem Kohleblock liegen zwischen Kesselhaus und Schornstein die Rauchgasreinigungseinrichtungen. Neben den bisher genannten Bauteilen treten die Maschinenhäuser, die jeweils hinter den Kesselhäusern liegen zurück.

Den Aufbau im Inneren zeigt schematisch Bild 18: Als ein Beispiel ist hier ein Turmkessel mit aufgesetztem Schornstein gewählt, im Oberteil des Kesselhauses der regenerativ arbeitende Luftvorwärmer (2), rechts neben dem Kesselhaus das niedrigere Maschinenhaus, in welchem sich der Turbosatz (3...7) auf einer Fundamenttischplatte (8) befindet, die über eine Anzahl Stützen (9) mit dem Untergrund verbunden ist. Die Fundamentierung des Turbosatzes ist von der des Maschinenhauses aus Schwingungsgründen getrennt. Das Maschinenhaus enthält unterhalb des Turbosatzes den Kondensator (11) und die Generatorausleitung (12) zu dem rechts stehenden Maschinentransformator. Die vorgestellte Bauform mit Turmkessel und aufgesetztem Schornstein kommt insbesondere für gas- bzw. ölverbrennende Kraftwerke in Frage.

Festbrennstoff-Kraftwerke unterscheiden sich von gasverbrennenden Kraftwerken weiterhin wesentlich dadurch, daß die Außenanlagen für Brennstofflage-

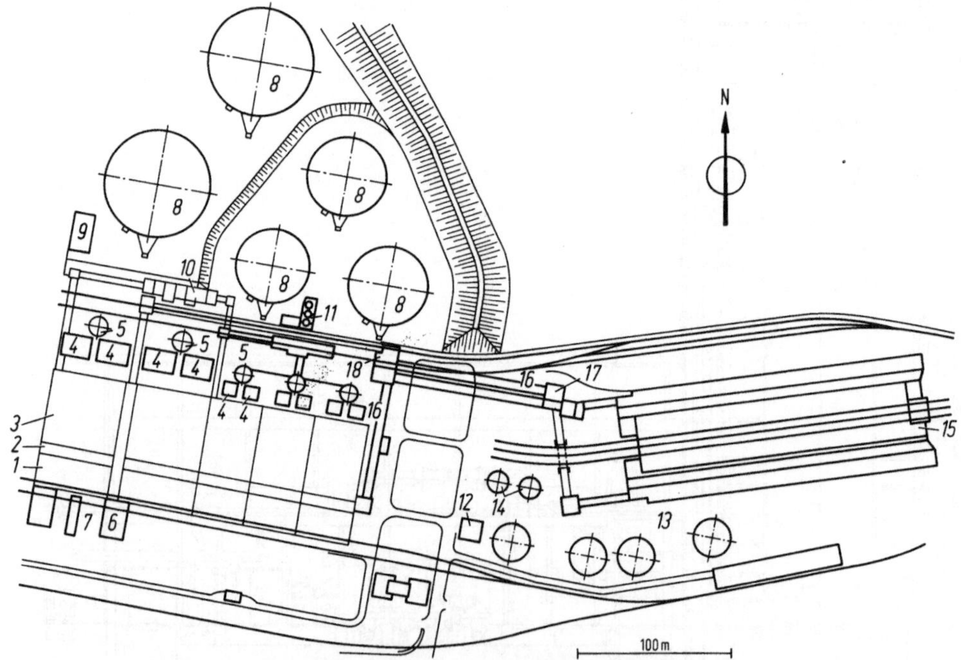

Bild 19. Braunkohle-Kraftwerk 2 × 600 MW, 3 × 300 MW: Gebäudeplan (BBC). *1* Maschinenhaus, *2* Zwischenbau, *3* Kesselhaus, *4* Elektrofilter, *5* Schornstein, *6* Schaltanlagengebäude, *7* Freiluftschaltanlage, *8* Kühltürme, *9* Wasser-Reinigungsanlage, *10* Aschebunker, *11* Zündöllager, *12* Abwasser-Pumpenhaus, *13* Kläranlage, *14* Eindicker, *15* Grabenbunker, *16* Bekohlungsbrücke, *17* Eisenausscheidung, *18* Brecherei

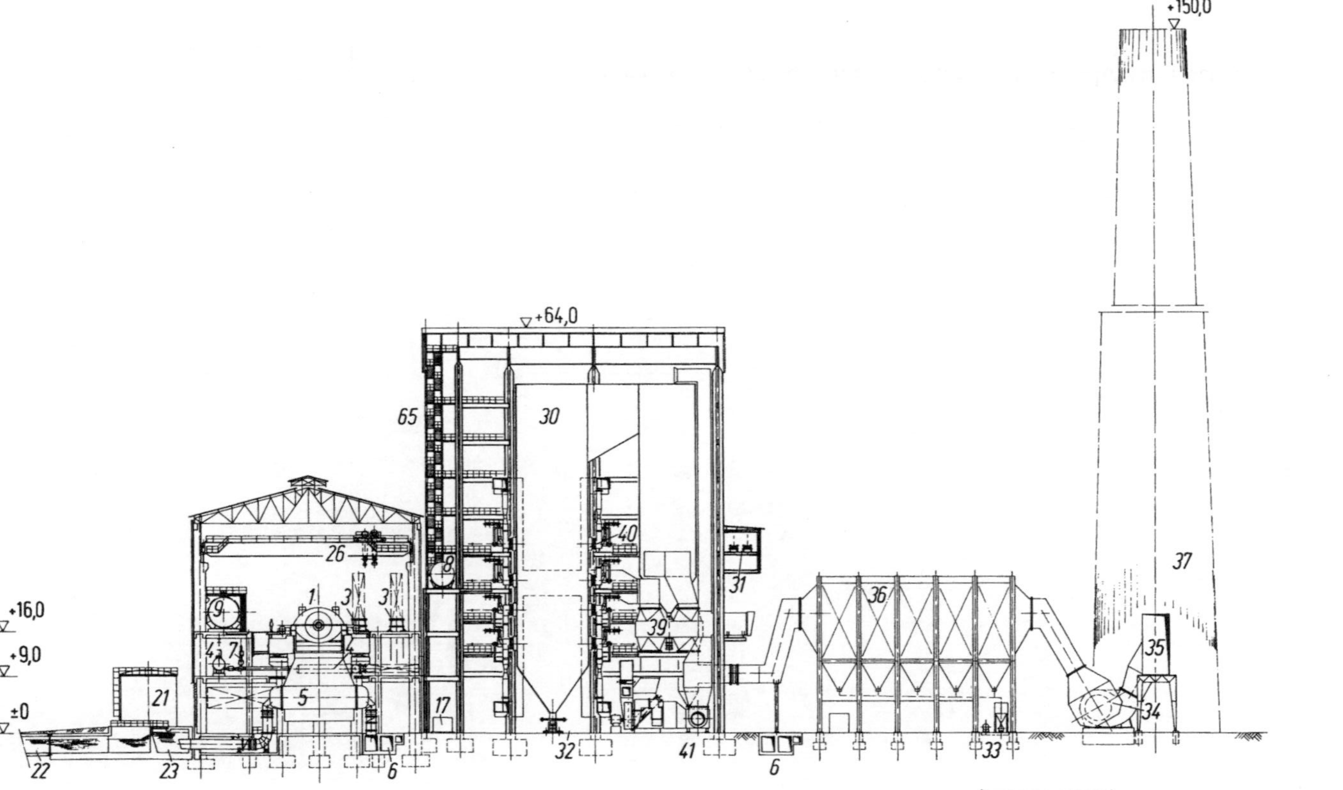

Bild 20. Festbrennstoff-Kraftwerk 2 × 500 MW: Vertikalschnitt (KWU). Erläuterungen zu Bildern 20 und 21: *1* Turbine, *2* Generator, *3* HD-Speisewasservorwärmer, *4* ND-Speisewasservorwärmer, *5* Kondensator, *6* Kühlwasser-Zufuhrkanal, *7* Bypass-Ventil, *8* Kühlwasser-Hochtank, *9* Speisewasserbehälter/Entgaser, *10* Turbinen-Ölleitungs-Kanal, *11* Turbinen-Schmierölkühler, *12* Turbinen-Schmieröl-Tank, *13* Sekundär-Kühler, *14* Sekundär-Kühlwasser-Pumpen, *15* Vakuum-Verdichter für Turbosatz, *16* Speisewasser-Pumpen, *17* Unterer Kühlwasser-Behälter, *18* Reinwasser-Sammeltank, *19* Haupt-Kondensatpumpen, *21* Vorratstank, *22* Kühlwasser-Abflußkanal, *23* Syphon-Bassin für Kühlwasser, *24* Kondensat-Behandlung, *25* H_2-Flaschen-Lager (für elektr. Generator), *26* Maschinenhauskran, *27* CO_2-Flaschen-Lager; Dampferzeuger und Rauchgasführung: *30* Dampferzeuger, *31* Kohle-Förderbänder, *32* Schlacken-Austrag, *33* Filterstaub-Behandlung, *34* Saugzuggebläse, *35* Rauchgasleitung (Fuchs), *36* Elektrofilter, *37* Schornstein, *38* Kohle-Mühlen, *39* Luftvorwärmer (regenerativ), *40* Kohlestaub-Brenner, *41* Verbrennungs-Gebläse, *42* Kohlebunker, *43* Brenner-Zuleitungen; Elektrische Einrichtungen: *46* Erreger-Maschinen, *47* Generator-Ausleitung, *48* Warte, *49* Relais-Raum, *50* Wechselrichter, *53* Niederspannungs-Transformatoren, *55* Haupt-Transformatoren, *56* Computer-Raum, *57* Büroräume, *59* Meßgeräte-Werkstatt, *60, 61, 62, 63* Sozialräume, *65* Treppen, *67* Montage-Öffnung

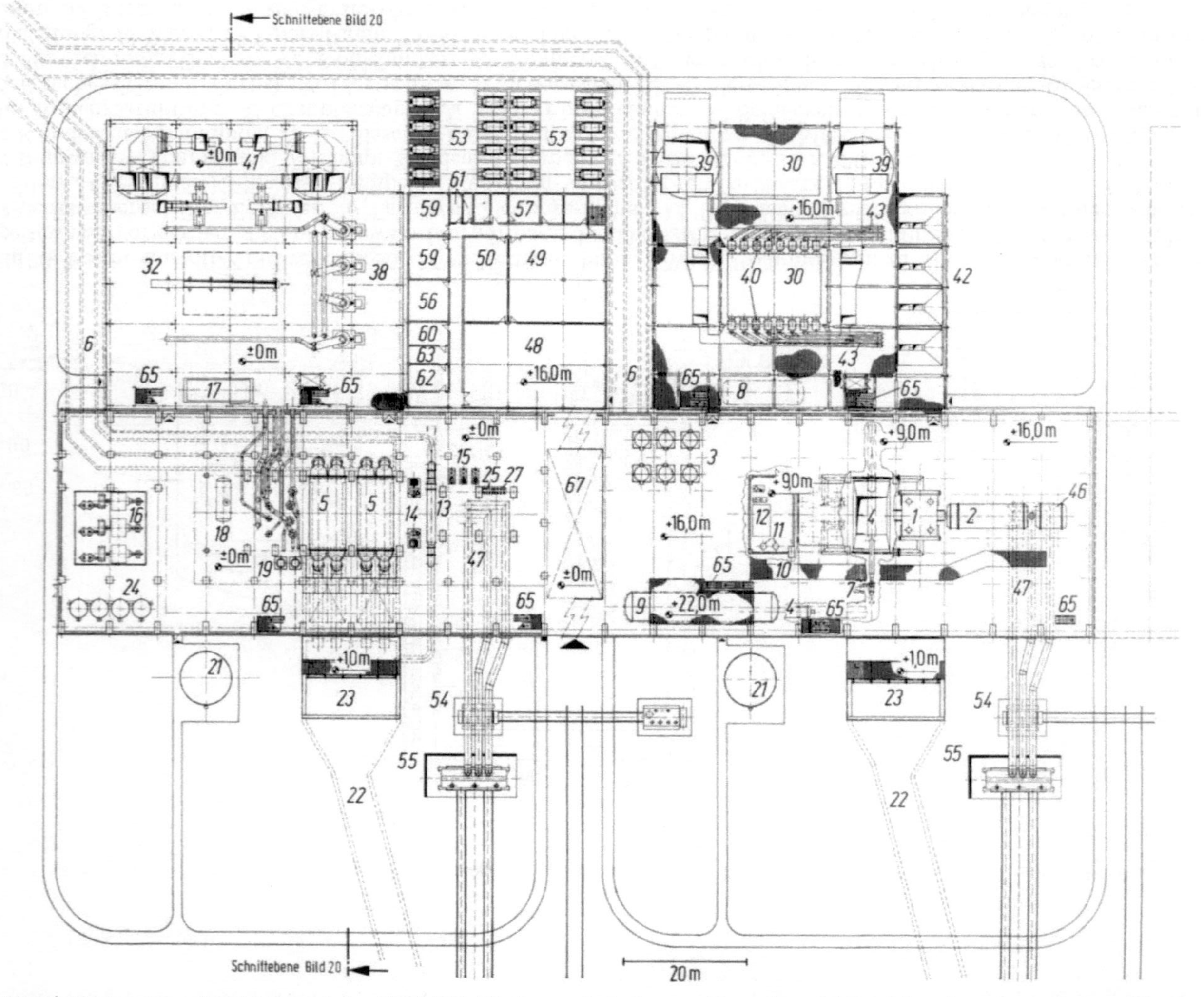

Bild 21. Festbrennstoff-Kraftwerk 2 × 500 MW: Horizontalschnitt von Kessel- und Maschinenhaus in mehreren Ebenen (KWU). Erläuterungen siehe Bild 20

rung, -transport und die Brennstoffbehandlung für den Festbrennstoff einen sehr großen Grundflächenbedarf haben, der meist größer ist als der der eigentlichen Blöcke (Maschinen- und Kesselhaus). Als Beispiel werden im Bild 19 die Brennstofflagerung und -transporteinrichtungen für ein 3 × 300 MW, 2 × 600 MW Braunkohlekraftwerk gezeigt einschl. des Grabenbunkers (15), über welchem die Brennstoff-Eisenbahnzüge (bodenentleerende Wagen) entladen werden.

Einen senkrechten Schnitt durch Kessel- und Maschinenhaus eines Festbrennstoffkraftwerkes (Bild 20) zeigt den Zweizugkessel (30) mit anschließendem Luftvorwärmer (39) und weiter in Strömungsrichtung der Rauchgase gesehen, die Elektrofilter (36), das Saugzuggebläse (34) und den Schornstein. Das Maschinenhaus ist links angeordnet. Dort befinden sich die Turbine (1), der Kondensator (5), die Hochdruckspeisewasservorwärmer (3), die Niederdruckvorwärmer (4) und der Speisewasserbehälter (9).

Für die Handhabung der großen Brennstoffmassenströme (im Abschnitt 2.2.2 wurden für einen 600 MW-Braunkohleblock ein Brennstoffmassenstrom von ca. 600 t/h errechnet) ist eine größere Anzahl von Mühlen (38) und Brennern (40) erforderlich (siehe auch Horizontalschnitt, Bild 21).

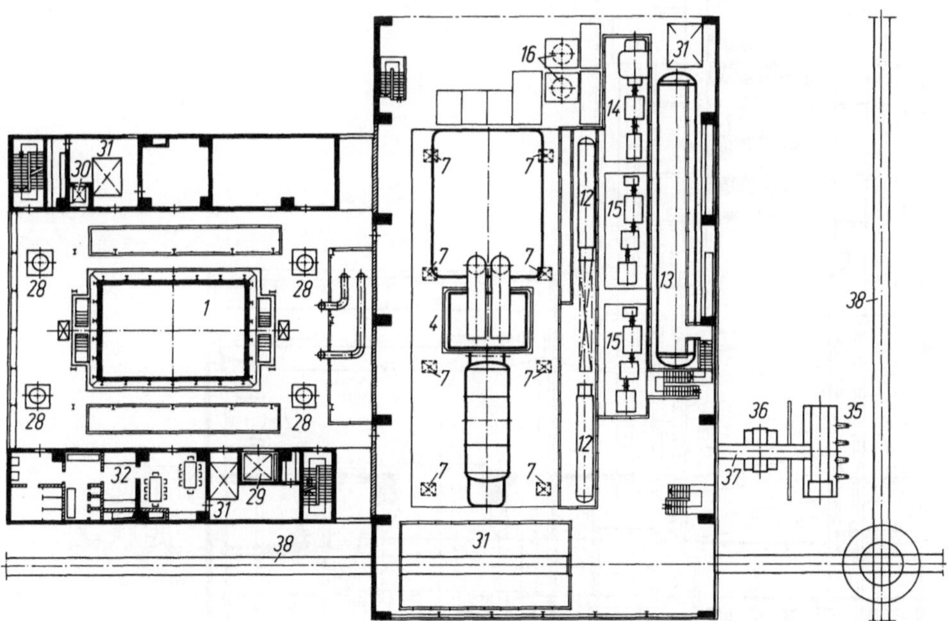

Bild 22. Gasbrennstoff-Kraftwerk: Horizontalschnitt (BBC). Erläuterungen zu Bildern 22 und 23: *1* Dampferzeuger (Turmkessel), *2* Hochdruck-Überhitzer, *3* Zwischenüberhitzer, *4* Turbogruppe, *5* Kondensator, *6* Fundamenttischplatte, *7* Fundamentstützen, *8* Fundament-Grundplatte, *12* Niederdruck-Speisewasser-Vorwärmer, *13* Speisewasserbehälter/ Entgaser, *14* Turbospeisepumpe, *15* Elektrospeisepumpe, *16* Hochdruck-Speisewasser-Vorwärmer, *25* Frischluftgebläse, *26* Luftvorwärmer (regenerativ), *27* Kamin, *28* Heißluftkanäle, *29* Lastenaufzug, *30* Personenaufzug, *31* Montageöffnung, *32* Sozialräume, *33* Maschinenhauskran, *34* Hauptkühlwasserleitungen, *35* Maschinen-Transformator, *36* Eigenbedarfs-Transformator, *37* Generatorausleitung, *38* Eisenbahngleise

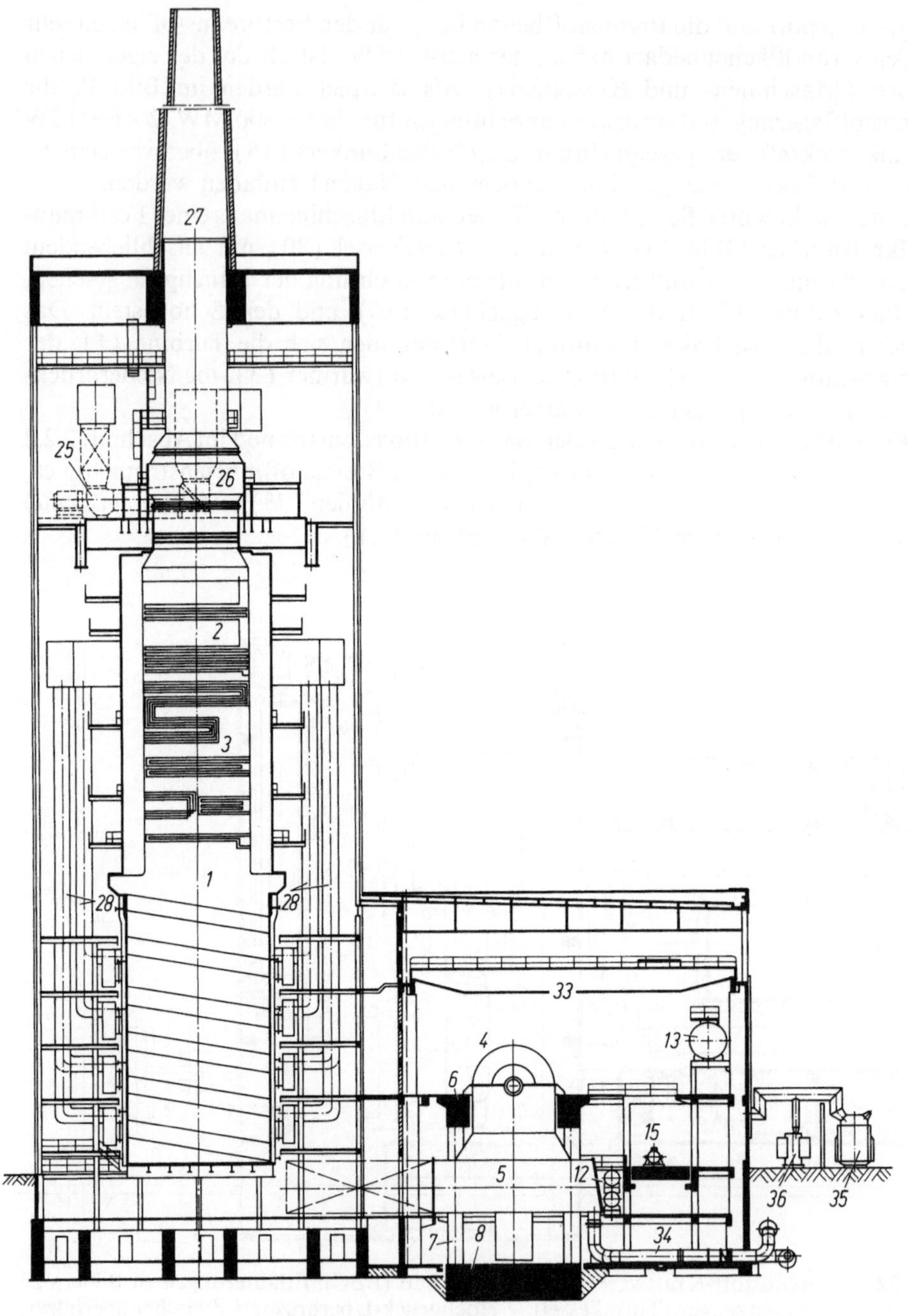

Bild 23. Gasbrennstoff-Kraftwerk: Vertikalschnitt (BBC). Erläuterungen siehe Bild 22

Im Vergleich zu dem Braunkohlekraftwerk benötigt das erdgasgefeuerte Kraftwerk (siehe Bild 22) kleinere Einrichtungen für die Brennstoffheranbringung und die Brennstoffbehandlung in der Umgebung des Kessels. Einen Vertikalschnitt des gleichen erdgasgefeuerten Kraftwerks zeigt Bild 23. Der Turmkessel mit aufgesetztem Schornstein ist zu erkennen.

Die größten heute gebauten Fossilbrennstoff-Kraftwerke haben Leistungen von etwa 700 MW und Primärenergie-Verbräuche, bezogen auf die verkaufbare elektr. Arbeit, von rd. 9000 kJ/kWh. Für Kernkraftwerke lauten die entsprechenden Zahlen 1300 MW bzw. rd. 10 500 kJ/kWh.

2.6 Turbinen

2.6.1 Energieumsetzung und Strömungsführung

Zur Betrachtung der Energieumsetzung ziehen wir statt des bisher gebrauchten T,s-Diagramms das h,s-Diagramm heran, aus dem Energiemengen direkt abgelesen werden können. Der im Abschnitt 2.2.1 geschilderte Clausius-Rankine-Prozeß mit Zwischenüberhitzung nimmt im h,s-Diagramm die im Bild 24 dargestellte Form an. In der Praxis wird meist der gestrichelt eingetragene Ausschnitt verwendet, da nur dieser für die Energieumsetzung in der Turbine interessiert.

Wenn wir zunächst — wie bisher stets — annehmen, daß die Zustandsänderungen in der Turbine adiabat und reversibel erfolgen, also Isentropen durchlaufen werden, dann steht ein bestimmtes maximales Enthalpiegefälle $\Delta h_{\text{isentrop}}$ zur Verfügung. Dieses ist bestimmt durch Druck und Temperatur des Anfangszustandes und durch den Enddruck, wie das Bild 25 zeigt. Dieses Gefälle $\Delta h_{\text{isentrop}}$ kann nicht vollständig ausgenutzt werden, da beim wirklichen Prozeß Irreversibilitäten auftreten. Der Dampf tritt also mit einer höheren als der theoretischen Endenthalpie aus der Turbine aus. Das wirkliche Enthalpiegefälle Δh_{real}, traditionell auch inneres Wärmegefälle genannt, ist somit kleiner als das isentrope Enthalpiegefälle.

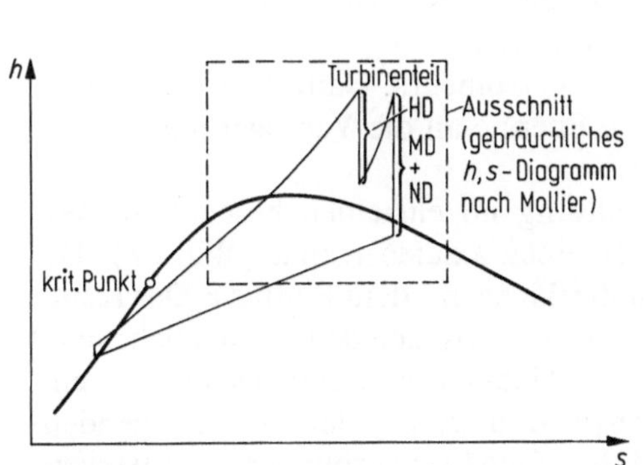

Bild 24. Clausius-Rankine-Prozeß im h,s-Diagramm

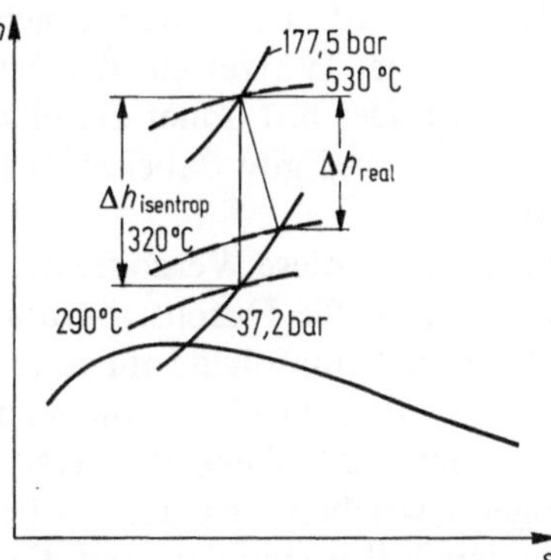

Bild 25. Enthalpiegefälle, isentropes (theoretisches) und reales

Der Quotient

$$\eta_i = \frac{\Delta h_{\text{real}}}{\Delta h_{\text{isentrop}}}$$

ist der innere Wirkungsgrad der Turbine. Er umfaßt in der Hauptsache Verluste durch Irreversibilitäten, wie z. B. Reibung des Dampfes in sich bzw. an den Turbineneinbauten. Es handelt sich also um Vorgänge, die dazu führen, daß die Enthalpie des Dampfes nicht in kinetische Energie umgesetzt wird bzw. schon vorhandene kinetische Energie durch Reibung wieder in Wärme mit entsprechender Enthalpieerhöhung im Dampf umgesetzt wird. In diesem Wirkungsgrad sind dagegen die sogenannten mechanischen Verluste, wie sie z.B. durch Reibung der Turbinenwelle in ihren Lagern auftreten, nicht eingeschlossen, da diese Verluste ja keine Erhöhung der Enthalpie des Dampfes bewirken. Über die inneren Verluste der Turbine, die der o.a. Wirkungsgrad einschließt, wird später (s. Abschnitt 2.6.8) noch ausführlicher gesprochen.

Errechnet man den inneren Wirkungsgrad der Turbinenteile des Kreislaufbeispiels (s. Abschnitt 2.3.3), so ergibt sich für die

Hochdruckturbine $\quad \eta_{\text{iHD}} = 0{,}81$,
Mitteldruckturbine $\quad \eta_{\text{iMD}} = 0{,}83$,
Niederdruckturbine $\eta_{\text{iND}} = 0{,}86$.

Das Anwachsen des Wirkungsgrades mit sinkendem Druck ist darin begründet, daß bestimmte Verluste, insbesondere die Spaltverluste mit wachsendem Volumenstrom relativ kleiner werden. Man erkennt, daß die Turbine, wie Strömungsmaschinen im allgemeinen, somit eher für große Volumenströme geeignet ist als für kleine. Der gesamte Expansionsvorgang in der Turbine des Kreislaufbeispiels ist in das h,s-Diagramm Bild 26 eingetragen.

Wegen des verhältnismäßig hohen Enthalpiegefälles ist jede der soeben genannten Turbinen in zahlreiche sog. Stufen unterteilt. Der Energieumsetzungsvorgang in jeder Stufe ist grundsätzlich folgender:

1. Schritt: Die Enthalpie des Dampfes wird teilweise in kinetische Energie umgesetzt, indem man den Dampf durch eine Düse strömen läßt, wobei er beschleunigt wird. Die adiabat sich ergebenden Geschwindigkeitsdifferenz ist proportional der Wurzel aus der Enthalpiedifferenz.

2. Schritt: Der mit hoher Geschwindigkeit strömende Dampf wird reibungsarm verzögert und gibt dabei mechanische Energie an die Verzögerungseinrichtung ab.

Wie ist nun diese Verzögerungseinrichtung im einzelnen beschaffen? Wir betrachten dazu die Durchströmung durch einen axialen Kanal (Bild 27): Die Mittellinie des Kanals liege auf einer Zylinderfläche mit dem Radius r. Der Kanal sei mit Einbauten versehen, von denen diejenigen zwischen den Kontrollebenen 0 und 1 mit dem außenliegenden, feststehenden Gehäuse verbunden sind, während diejenigen zwischen den Kontrollebenen 1 und 2 mit dem innenliegenden, rotierenden Teil verbunden sind. Die mit dem Gehäuse verbundenen feststehenden Einbauten werden als Leitschaufeln bezeichnet. Der rotierende Teil wird Läufer genannt, die mit ihm verbundenen Einbauten Laufschaufeln. Die Gesamt-

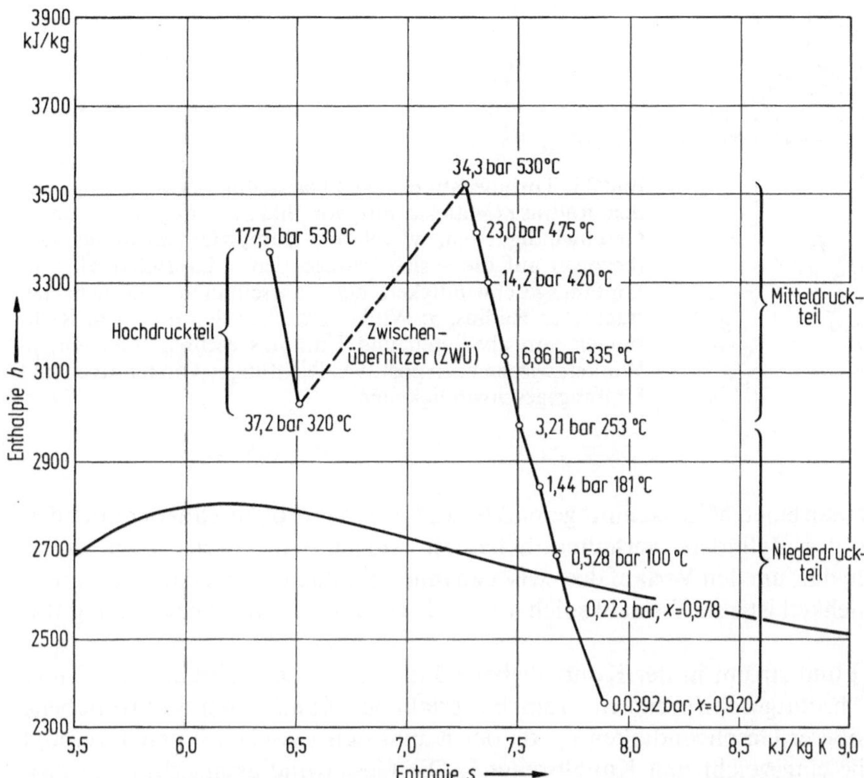

Bild 26. Entspannungsvorgang in einer Turbine im h,s-Diagramm (entspricht dem Beispiel Bild 13, die Zwischen-Zahlen entsprechen den Anzapfpunkten zur Speisewasservorwärmung)

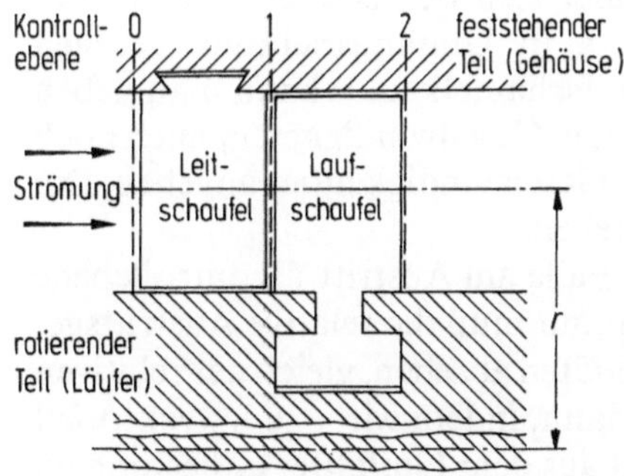

Bild 27. Turbinenstufe: Meridianschnitt (Läuferlängsachse liegt in der Schnittebene) schematisiert

heit der Leitschaufeln bezeichnet man als Leit(schaufel)gitter. Analog dazu spricht man vom Lauf(schaufel)gitter. Ein Leitgitter und ein Laufgitter gehören zusammen und werden als Stufe bezeichnet. Eine Dampfturbine besitzt häufig zahlreiche hintereinandergeschaltete Stufen. Die Gitter zusammen mit den sie tragenden Teilen nennt man Leiträder bzw. Laufräder.

Schneidet man die Schaufeln in halber Höhe auf einer Zylinderfläche (Zylinderachse = Wellenmitte) und wickelt die Zylinderfläche in eine Ebene ab,

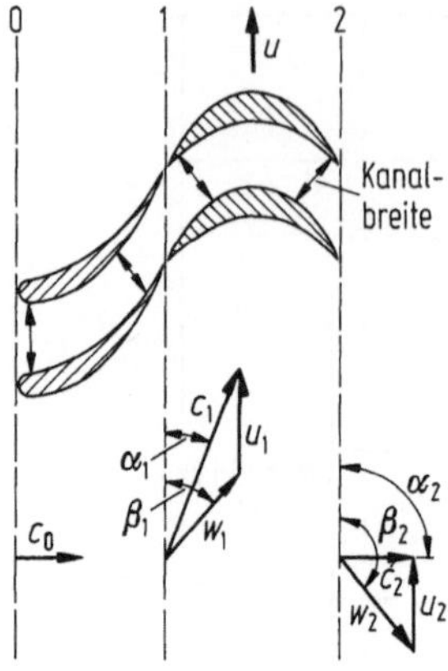

Bild 28. Turbinenstufe: ebene Darstellung des Schnittes auf dem Radius r (Mittelschnitt) von Bild 27. *c:* absolute Dampf-Geschwindigkeiten, *w:* relative Dampf-Geschwindigkeiten (bezogen auf die – sich bewegenden – Laufschaufeln), *u:* Umfangsgeschwindigkeit der Laufschaufeln auf dem betrachteten Radius, *α:* Winkel zwischen den positiven Richtungen von absoluten und Umfangsgeschwindigkeiten, *β:* Winkel zwischen den positiven Richtungen von relativen und Umfangsgeschwindigkeiten

so erhält man einen Mittelschnitt gemäß Bild 28. Aus der großen Zahl der über den Umfang des Zylinders verteilten Schaufeln stellen wir jeweils zwei dieser Schaufeln dar, um den Verlauf des zwischen ihnen gebildeten Kanals zu erkennen. In Wirklichkeit ist eine Vielzahl solcher Kanäle vorhanden, die das Schaufelgitter bilden.

Das Fluid strömt in der Kontrollebene 0 in den Leitschaufelkanal mit einer kleinen Absolutgeschwindigkeit c_0 ein. Es verläßt den Kanal in der Kontrollebene 1 mit größerer Geschwindigkeit c_1, da der Kanal sich zwischen 0 und 1 verengt (siehe die eingezeichneten Kanalbreiten). Die Geschwindigkeitserhöhung zwischen 0 und 1 ergibt sich aus dem umgesetzten Enthalpiegefälle:

$$c_1 - c_0 = \sqrt{2(h_0 - h_1)}.$$

Zwischen den Kontrollebenen 1 und 2 befindet sich der bewegte Kanal, der Laufschaufelkanal, der die Geschwindigkeit u in Umfangsrichtung gesehen besitzen möge. Wegen dieser Bewegung des Laufschaufelkanals kann man neben der auf den feststehenden Teil bezogenen absoluten Geschwindigkeit c_1 auch noch eine auf den bewegten Kanal bezogene relative Geschwindigkeit w_1 angeben. Die vektorielle Addition von w_1 und u muß c_1 ergeben.

Der Laufschaufelkanal hat im dagestellten Falle am Austritt (Kontrollebene 2) den gleichen Querschnitt wie am Eintritt. Somit muß die relative Austrittsgeschwindigkeit w_2, wenn wir von den Irreversibilitäten absehen, gleich der relativen Eintrittsgeschwindigkeit w_1 sein. Wir können dann, indem wir u zu w_2 vektoriell addieren, die absolute Austrittsgeschwindigkeit aus dem Laufgitter c_2 bestimmen (Die Richtung von w_2 ergibt sich aus der Richtung des Kanals am Austritt). Diese vektorielle Addition zeigt: die absolute Austrittsgeschwindigkeit c_2 ist kleiner als die absolute Eintrittsgeschwindigkeit c_1. Während des Durchtritts durch den bewegten Kanal ist also kinetische Energie aus dem Fluid entnommen und in anderer Form an das Laufgitter abgegeben worden.

Man wird im allgemeinen danach streben, einen möglichst großen Teil dieser kinetischen Energie zu entnehmen, um den Verlust, der dadurch entsteht, daß am Austritt c_2 größer als Null ist, niedrig zu halten (c_2 muß aber stets etwas größer als

Null sein, damit das Fluid überhaupt aus dem Laufrad ausströmt). c_2 wird — wie gewünscht — am kleinsten, wenn sein Vektor senkrecht auf dem von u steht.

Die dargestellten Geschwindigkeitsdreiecke gelten nur für einen bestimmten Volumenstrom und somit für einen bestimmten Lastzustand.

2.6.2 Euler-Gleichung

Die bei der Umlenkung des Dampfes in den Laufgitterkanälen am Radius r auftretende Kraft F bewirkt ein Drehmoment an der Turbinenwelle. (Bei den im folgenden genannten vektoriellen Größen sind stets deren absolute Beträge gemeint.)

$$M = rF$$

Die auftretende Kraft läßt sich ermitteln aus

$$F = \dot{m}c_u.$$

Für den allgemeinen Fall, daß das Masseteilchen auf einem anderen Radius r_2 aus dem Laufgitter austritt als auf dem es eingetreten ist (r_1), ergibt sich das Drehmoment aus

$$M = \dot{m}(r_1 c_{1u} - r_2 c_{2u}),$$

wobei c_u die Komponente der Absolutgeschwindigkeit in Umfangsrichtung darstellt (z.B. $c_{1u} = c_1 \cos \alpha_1$, s. Bilder 29 und 30).

Durch Multiplikation des Momentes mit der Winkelgeschwindigkeit des Läufers und Division durch den Massenstrom $\dot{m}$ erhält man die spezifische Arbeit am Laufgitter, die hier (im Gegensatz zur Thermodynamik) mit dem Formelzeichen a bezeichnet wird, da das Zeichen w hier schon für die Relativgeschwindigkeit verwendet wurde:

$$a = \frac{M\omega}{\dot{m}}$$

und durch Einsetzen der oben angegebenen Beziehung für M

$$a = \omega(r_1 c_{1u} - r_2 c_{2u}).$$

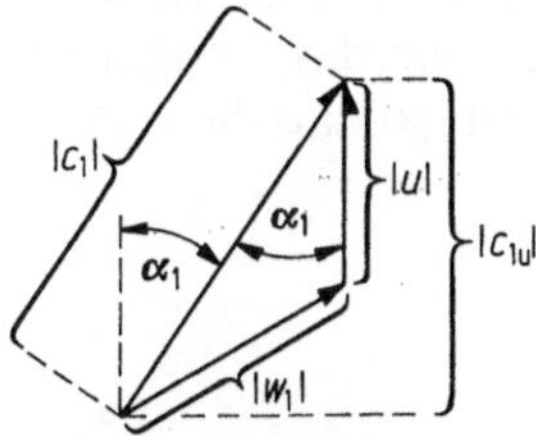

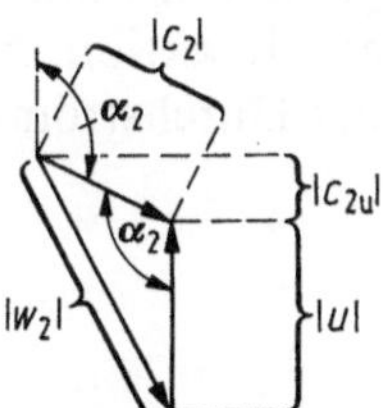

Bild 29. Geschwindigkeitsvektoren am Eintritt des Laufgitters

Bild 30. Geschwindigkeitsvektoren am Austritt des Laufgitters

Berücksichtigt man, daß das Produkt aus Radius und Winkelgeschwindigkeit die Umfangsgeschwindigkeit u ist

$$u = r\omega,$$

so ergibt sich als spezifische Arbeit am Laufgitter

$$a = u_1 c_{1u} - u_2 c_{2u}.$$

Dies ist die Euler-Gleichung, eine sehr einfache, übersichtliche Formulierung, die für alle Strömungsmaschinen gilt.

Bei der vorhergehenden Darstellung ist von den Kräften und Geschwindigkeiten am Laufgitterein- und -austritt ausgegangen worden. Somit kann die Euler-Gleichung für alle Vorgänge, bei denen die tatsächlichen Geschwindigkeiten an Ein- und Austritt bekannt sind und bei denen der Massenstrom zwischen den beiden Kontrollebenen sich nicht ändert, angewendet werden. Es werden die tatsächlichen Geschwindigkeiten eingesetzt. Es spielt somit für die Gültigkeit der Gleichung keine Rolle, welche Verluste (z.B. durch Reibung) zwischen den Kontrollebenen 1 und 2 auftreten. Ein Verlust beispielsweise durch Reibung im Inneren des Laufgitterkanals hat ja zur Folge, daß das Medium mit einer anderen Geschwindigkeit als bei reibungsfreier Strömung aus dem Kanal austritt, und daß diese andere Geschwindigkeit in der oben angegebenen Beziehung berücksichtigt wird. Auch die Möglichkeit, daß sich (bei einem gasförmigen Medium) die Dichte des Mediums beim Durchtritt durch den Kanal ändert, stellt die Gültigkeit der Euler-Gleichung nicht in Frage, da zu deren Ableitung die Dichte nicht benutzt wurde.

Die Leistung P am Laufgitter ist dann

$$P = a\dot{m}.$$

2.6.3 Die Turbinenstufe ohne Reaktion

Im folgenden soll gezeigt werden, daß bei axialer Durchströmung ein bestimmtes Verhältnis von absoluter Eintrittsgeschwindigkeit c_1 zur Umfangsgeschwindigkeit u eingehalten werden muß, um eine möglichst weitgehende Energieabgabe an das Laufgitter (entspricht möglichst kleiner spezifischer kinetischer Energie am Austritt) zu erreichen.

Die Überlegungen gelten zunächst für den Fall, daß im Laufgitter keine weitere kinetische Energie durch Enthalpieabbau erzeugt wird. Wir bezeichnen diesen Fall als Stufe ohne Reaktion. Außerdem betrachten wir das Laufgitter vereinfacht bei rein axialer Durchströmung, bei der $u_1 = u_2$ ist, so daß die Euler-Gleichung die Form

$$a = u(c_{1u} - c_{2u})$$

annimmt.

Eine weitgehende Energieabgabe an das Laufgitter ist dann gegeben, wenn das Verhältnis Arbeit am Laufgitter zu kinetischer Energie am Gittereintritt nahezu gleich 1 ist:

$$\frac{u(c_{1u}-c_{2u})}{c_1^2/2} \approx 1.$$

Somit muß die Umfangsgeschwindigkeit u ungefähr betragen

$$u \approx \frac{c_1^2}{2(c_{1u}-c_{2u})}$$

und wenn wir c_{2u} als nahezu Null annehmen (siehe Abschnitt 2.6.1, vorletzter Absatz), dann erhalten wir für u

$$u \approx \frac{c_1^2}{2c_{1u}}$$

und mit $c_{1u}=c_1\cos\alpha_1$

$$u \approx \frac{c_1}{2\cos\alpha_1}.$$

Bei sehr flacher Einströmung, wie sie aus den oben angegebenen Geschwindigkeitsdreiecken hervorgeht (α_1 gegen 0, also $\cos\alpha_1$ gegen 1 gehend), wird

$$u \approx \frac{c_1}{2} \quad \text{bzw.} \quad c_1 \approx 2u.$$

Bei einer solchen Stufe ohne Reaktion, bei der das gesamte Enthalpiegefälle in den feststehenden Teilen der Stufe umgesetzt wird, ist vor und hinter dem Laufrad der Druck nahezu gleich. Man bezeichnet daher traditionell eine solche Stufe auch als Gleichdruckstufe.

Wenn das Enthalpiegefälle sehr groß ist, können sich entsprechend der Beziehung

$$c_1 = \sqrt{2\Delta h}$$

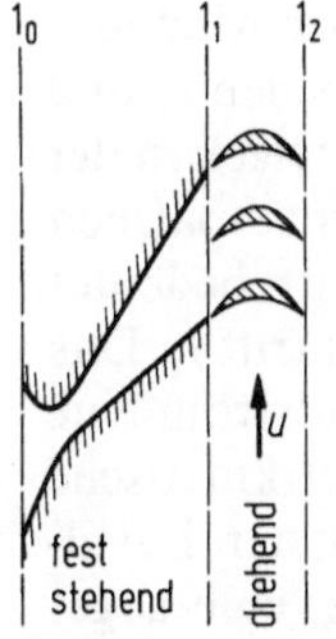

Bild 31. Laval-Turbine (Mittelschnitt)

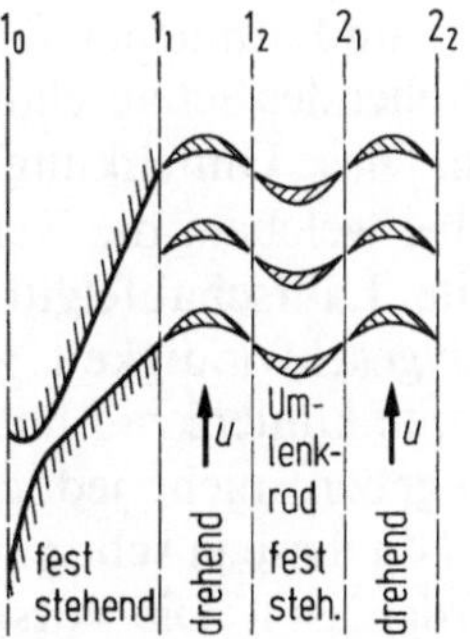

Bild 32. Curtis-Turbine mit zwei Laufgittern, auch als 2-kränzig bezeichnet (Mittelschnitt)

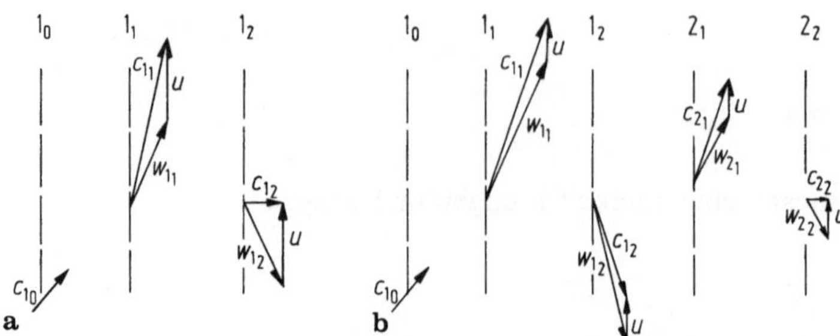

Bild 33. a Laval- und **b** Curtis-Turbine: Geschwindigkeitsvektoren. Die Darstellung in Bild 33 und 34 ist so gewählt, daß gezeigt wird, daß eine Curtis-Turbine bei gegebenem Enthalpiegefälle mit geringerer Umfangsgeschwindigkeit bzw. Drehzahl arbeiten kann als eine Laval-Turbine. Somit kann bei gleicher Umfangsgeschwindigkeit eine Curtis-Turbine ein größeres Enthalpiegefälle verarbeiten als eine Laval-Turbine (hier nicht dargestellt)

Werte von c_1 ergeben, die über der Schallgeschwindigkeit liegen. Es müssen dann Laval-Düsen verwendet werden. Man bezeichnet ein solches Laufrad mit vorgeschalteter Laval-Düse als Laval-Turbine (Bild 31). Die Abgabe der im Dampf enthaltenen kinetischen Energie an das Laufrad mit dem Ziel der kleinstmöglichen kinetischen Energie am Austritt erfordert eine hohe Umfangsgeschwindigkeit (siehe Bild 33 a).

Ist diese Umfangsgeschwindigkeit aus Festigkeitsgründen nicht zu verwirklichen, so kann zur Geschwindigkeitsstufung gegriffen werden (Bild 32): Die in der Düse zwischen den Kontrollebenen 1_0 und 1_1 erzeugte hohe Geschwindigkeit wird im ersten Laufgitter zwischen den Kontrollebenen 1_1 und 1_2 unter der Voraussetzung verlustarmer Umsetzung nur zum Teil abgebaut (s. Bild 33b). Die Absolutgeschwindigkeit wird also nur um etwa den doppelten Wert der Umfangsgeschwindigkeit vermindert. Das mit noch hoher absoluter Geschwindigkeit in der Kontrollebene 1_2 vorliegende Medium wird in ein weiteres Laufgitter geleitet, in welchem es einen weiteren Teil seiner kinetischen Energie verlustarm abgeben kann. Im allgemeinen bringt man dieses zweite Laufgitter auf dem gleichen Rad an wie das erste, so daß sich für beide Gitter die gleiche Drehrichtung und nahezu die gleiche Umfangsgeschwindigkeit ergibt. Da der Dampf aus dem ersten Gitter (Kontrollebene 1_2) in einer Richtung austritt, die für ein zweites Gitter mit gleicher Drehrichtung und ähnlicher Kanalform nicht paßt, muß der Mediumstrom durch ein feststehendes Schaufelgitter zwischen den Kontrollebenen 1_2 und 2_1 umgelenkt werden. Diese Umlenkung muß ein Geschwindigkeitsdreieck in der Ebene 2_1 erzeugen, bei welchem die Relativgeschwindigkeit w einen stoßarmen Eintritt in das zweite Laufschaufelgitter ergibt (stoßarmer Eintritt bedeutet Richtung der Relativgeschwindigkeit w in Kanalrichtung am Eintritt). Das feststehende sogenannte Umlenkrad hat also die Aufgabe, dem Fluidstrom eine andere Richtung zu geben, nicht jedoch die Aufgabe, Enthalpie in kinetische Energie umzusetzen (da diese ja schon weitgehend in der vorgeschalteten Laval-Düse umgesetzt worden ist). Die vorstehend geschilderte Turbine, eine sogenannte Curtis-Turbine mit 2 Laufschaufelgittern, gestattet es dann, eine Dampfgeschwindigkeit am Eintritt (in Kontrollebene 1_1) verlustarm abzubauen, die etwa 4mal so groß wie die Umfangsgeschwindigkeit ist. Dementsprechend könnte

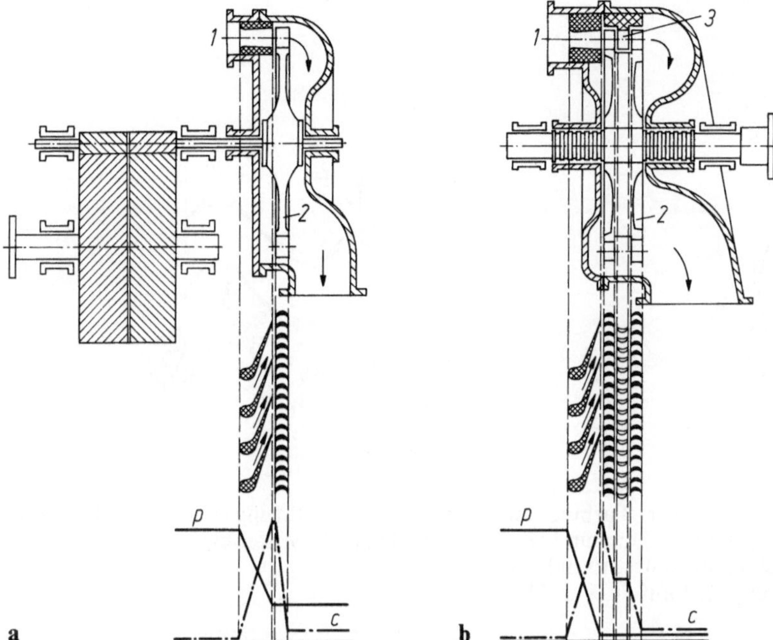

Bild 34. a Laval- und **b** Curtis-Turbine (**a** für Gegendruck, **b** für Kondensation gezeichnet, schematisiert), *1:* Dampf-Einströmung, (Überschallgeschwindigkeits-Düse), *2:* Laufrad, *3:* Umlenkrad (feststehend); *p:* Druck, *c:* Absolutgeschwindigkeit des Dampfes

eine Curtis-Turbine mit 3 Laufschaufelgittern etwa das 6fache der Umfangsgeschwindigkeit abbauen. Die Ausführung einer Laval- und einer Curtis-Turbine sind schematisch im Bild 34 nebeneinander gestellt.

Die Düsen brauchen nicht auf dem gesamten Umfang angebracht sein. Man kann auch den Radumfang nur teilweise beaufschlagen. Eine solche Teilbeaufschlagung ist möglich, da der Druckunterschied zwischen Ein- und Austritt des Laufschaufelgitters nur klein ist und der Dampf im wesentlichen nur an der Stelle des Umfanges durch das Gitter strömt, an der er in dieses eingeführt wurde. Damit ist auch die Zu- und Abschaltung einzelner Düsen bzw. Gruppen von Düsen möglich, die zur Einstellung der Leistung durch Massenstromänderung (Düsengruppenregelung) benutzt werden kann.

Bei kleinen Turbinen mit geringem Massen- bzw. Volumenstrom, die hierfür nur wenige Düsen und nicht Düsen auf dem gesamten Radumfang benötigen, kann der erhöhte Bauaufwand, der für ein Rad mit einem Gitter gegenüber einem solchen mit mehreren Gittern nötig ist, auf folgende Weise vermieden werden: Der Fluidstrom wird zunächst nur an einer Stelle durch das Gitter geleitet, wo ein Teil seiner Geschwindigkeit abgebaut wird. Sodann wird er in einen Umlenkkanal gegeben, der ihn wiederum durch dasselbe Gitter, jedoch an einer anderen Stelle führt (s. Bild 35). Dieser Umlenkkanal erfüllt die gleiche Funktion wie das vorher gezeigte Umlenkrad. Allerdings hat er wesentlich höhere Verluste.

Bei Turbinen mit Geschwindigkeitsstufung, insbesondere in der zuletzt vorgestellten Bauform, ist der Bauaufwand für ein bestimmtes Gefälle verhältnis-

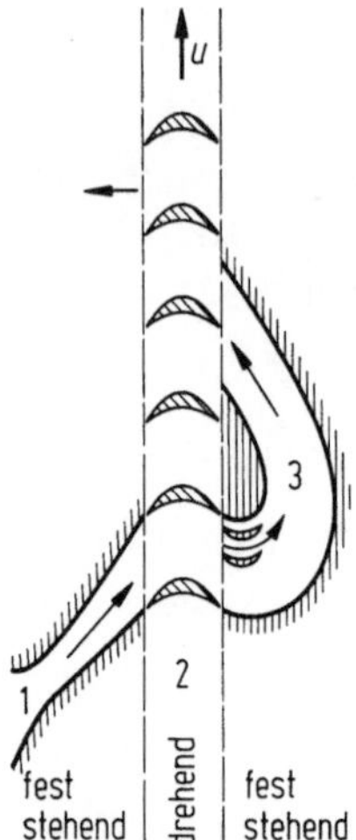

Bild 35. Mittelschnitt einer Turbine mit Überschallgeschwindigkeits-Düse und Umlenkkanal (Geschwindigkeitsstufung), *1:* Dampf-Einströmung, *2:* Laufgitter, *3:* Umlenkkanal

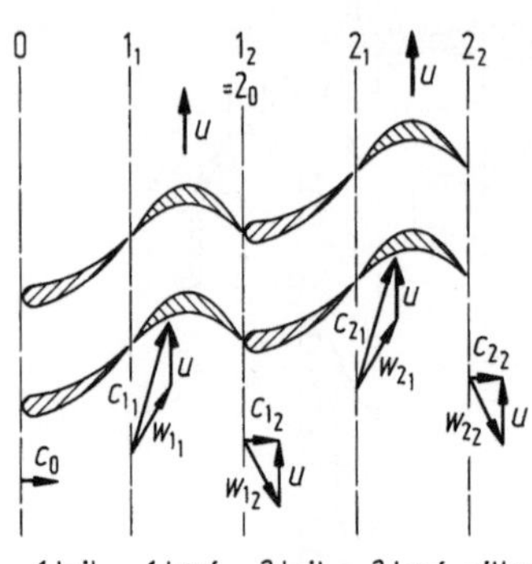

Bild 36. Druckstufung (Leitgitter bilden einfache Düsen) (Mittelschnitt)

mäßig klein. Andererseits weisen sie verhältnismäßig hohe Reibungsverluste in den Kanälen deshalb auf, weil die auftretenden Fluidgeschwindigkeiten recht hoch sind (wie erwähnt muß hier u.U. mit Überschallgeschwindigkeit gearbeitet werden). Sie kommen daher eher für Antriebe infrage, bei denen ein günstiger Wirkungsgrad gegenüber dem Bauaufwand zurücktreten kann.

Laval- und Curtis-Turbinen werden auch dann verwendet, wenn es darauf ankommt, hohe Fluidtemperaturen und Drücke schon vor dem Eintritt in das Turbinengehäuse weitgehend abzubauen, um das Gehäuse nicht für diese hohen Zustände ausführen zu müssen. Da sie auch teilbeaufschlagt betrieben werden können (s.o. und Abschnitt 2.6.6, letzter Absatz), haben sie auch bei großen Turbinen als erste Stufe am Dampfeintritt ihre Berechtigung. Man bezeichnet solche Stufen dann als Regelstufen.

Für die Erzielung besonders hoher Stufenwirkungsgrade kommt statt der Geschwindigkeitsstufung die Druckstufung in Frage. Bei der Druckstufung (s. Bild 36) wird in dem ersten Leitgitter nur ein Teil des gesamten zur Verfügung stehenden Enthalpiegefälles in kinetische Energie umgesetzt. Diese Energie wird dann in dem folgenden Laufgitter verlustarm fast vollständig als Arbeit an die Welle abgegeben. Im Leitgitter der nächsten Stufe wird ein weiterer Teil des Enthalpiegefälles in kinetische Energie umgesetzt und sodann im folgenden Laufgitter abgegeben. Da in jedem Leitgitter nur ein Teil des gesamten Enthalpiegefälles umgesetzt wird, werden statt der Laval-Düsen einfache Düsen verwendet. Die Anzahl der Stufen wird entsprechend dem zur Verfügung stehenden Enthalpiegefälle gewählt. Die Geschwindigkeitsdreiecke sind den bisher dargestellten ähnlich. Die jeweiligen Eintrittsgeschwindigkeiten werden so gewählt, daß sich am Austritt jeder Stufe geringe Werte von c_{2u} ergeben, also c_2 etwa senkrecht auf u steht.

2.6.4 Die Turbinenstufe mit Reaktion

Anstelle der bisher vorgestellten Kanalform des Laufgitters, bei welchem am Eintritt und am Austritt etwa der gleiche Querschnitt vorlag, kann man die Laufradkanäle auch mit in Strömungsrichtung kleiner werdendem Querschnitt ausführen. War bei den bisherigen Beispielen die Enthalpieänderung im Laufgitter sehr klein, nahezu gleich Null, so soll jetzt die Möglichkeit besprochen werden, einen Teil des Enthalpiegefälles im Laufgitter in kinetische Energie umzusetzen, und sogleich über das gleiche Laufgitter als Arbeit an die Welle abzugeben. Es tritt also neben der Enthalpiedifferenz über das Leitgitter $\Delta h'$ auch über das Laufgitter eine Differenz der Enthalpie $\Delta h''$ auf. Der Expansionsverlauf im h,s-Diagramm ist in Bild 37 dargestellt.

Man bezeichnet eine solche Stufe als Stufe mit Reaktion oder traditionell als Überdruckstufe (wegen des erheblich höheren Druckes am Laufgittereintritt gegenüber dem Austritt). Im Laufgitter findet in diesem Falle also eine Beschleunigung statt und zwar bezogen auf das bewegte Laufgitter. Die relative Austrittsgeschwindigkeit w_2 aus dem Laufgitter ist folglich größer als die relative Eintrittsgeschwindigkeit w_1, siehe Bild 38.

Das Eintrittsdreieck des Laufgitters hat also eine andere Form als bei der früher besprochenen Kanalform ohne Reaktion. Jetzt muß c_1 in einem anderen Verhältnis zu u stehen als bei den bisher geschilderten Gittern. Bei der im Bild 38 dargestellten Schaufelform muß c_1 nahezu gleich u sein, um einen stoßfreien Eintritt zu erreichen (Das Austrittsdreieck allerdings ist ähnlich geformt wie bei einer Gleichdruckstufe).

Bei der Umsetzung von Enthalpie in kinetische Energie im Laufradkanal tritt bei der Beschleunigung relativ zum bewegten Kanal eine entsprechende entgegengesetzt gerichtete Reaktionskraft auf. Ein typisches Beispiel für eine ausschließlich durch Reaktionskraft angetriebene Einrichtung ist eine frei fliegende Rakete (Bild 39). Gas strömt mit der Geschwindigkeit w_2 relativ zur bewegten (mit der

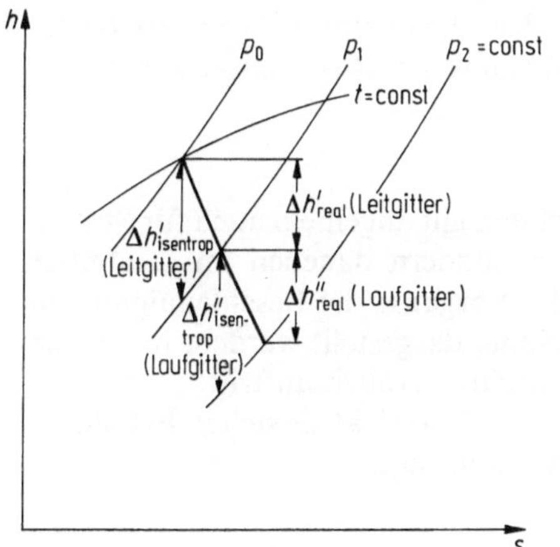

Bild 37. Enthalpiegefälle-Aufteilung bei Reaktion im Laufgitter (Reaktionsgrad $\varrho \approx 0{,}5$)

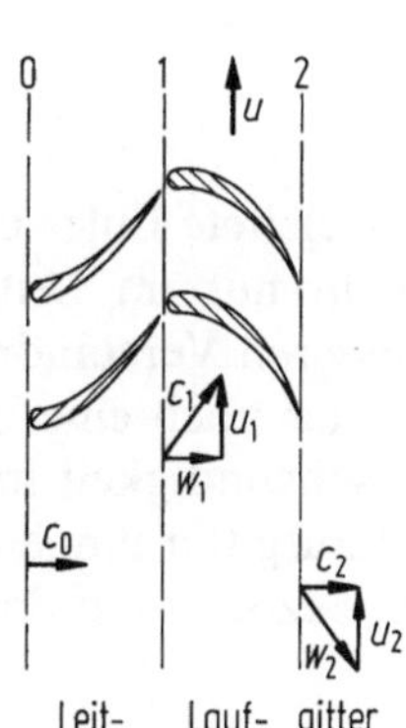

Bild 38. Mittelschnitt einer Stufe mit Reaktionsgrad $\varrho \approx 0{,}5$

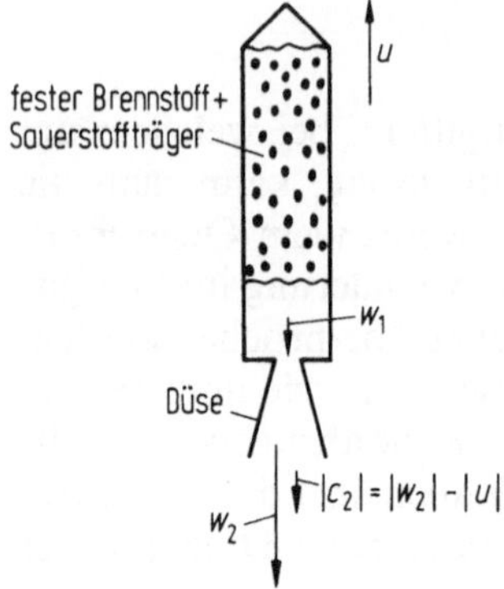

Bild 39. Frei fliegende Rakete (Reaktionsgrad $\varrho = 1$). Gas strömt mit Geschwindigkeit w_2 relativ zur bewegten (mit der Geschwindigkeit über Grund u) Rakete aus. Als Austrittsgeschwindigkeit über Grund ergibt sich c_2

Geschwindigkeit über Grund u fliegenden) Rakete aus. Die Beschleunigung der Gase von dem kleinen Wert der Relativgeschwindigkeit zur bewegten Rakete w_1 im Raketeninneren auf den größeren Wert w_2 hinter der Düse, hat eine Reaktionskraft zur Folge, die die Rakete engegengesetzt zur Austrittsrichtung der Gase beschleunigt. Dadurch vergrößert sich die Fluggeschwindigkeit der Rakete, bezogen auf die als feststehend angenommene Umgebung.

Eine solche Einrichtung bei der das gesamte Enthalpiegefälle im bewegten Teil umgesetzt wird, besitzt den Reaktionsgrad $\varrho = 1$. Der Reaktionsgrad wird definiert als das Verhältnis

$$\varrho = \frac{\Delta h''_{\text{isentrop}}}{\Delta h'_{\text{isentrop}} + \Delta h''_{\text{isentrop}}}$$

$'$ feststehender Teil,

$''$ bewegter Teil.

(Für den Reaktionsgrad bei Strömungsmaschinen wird hier das Formelzeichen ϱ verwendet, wie dies in der Literatur üblich ist. An anderen Stellen bezeichnet ϱ die Dichte.) Bei Turbinen wird häufig etwa die Hälfte des gesamten Enthalpiegefälles einer Stufe im feststehenden Teil, dem Leitrad, die andere Hälfte im Laufrad umgesetzt. Eine solche Stufe hat somit den Reaktionsgrad 0,5.

2.6.5 Hauptgleichung

Die in Abschnitt 2.6.2 abgeleitete Euler-Gleichung gilt allgemein auch für Stufen, bei denen Enthalpie nicht nur im Leitgitter, sondern daneben im Laufgitter umgesetzt wird. Zum besseren Verständnis des Vorgangs der Beschleunigung im bewegten Teil soll aber hier noch eine Beziehung dargestellt werden, in der die Erhöhung der Relativgeschwindigkeit im Laufgitter explizit auftritt.

Wenn Enthalpie im Laufgitter umgesetzt wird, so drückt sie sich in Erhöhung der kinetischen Energie, bezogen auf das Laufgitter aus:

$$\Delta h'' = \frac{w_2^2 - w_1^2}{2} = a_{\text{uII}}.$$

(Bei den genannten vektoriellen Größen sind stets deren absolute Beträge gemeint.)

In dieser Beziehung steht w_2 (Kontrollebene hinter dem Laufgitter) vorn, da es größer als w_1 ist und somit die kinetische Energie positiv errechnet wird. Diese kinetische Energie wird sogleich als mechanische Arbeit an das Laufgitter abgegeben (Arbeit a_{uII}), indem die für die Beschleunigung erforderliche Kraft eine entgegengesetzt gerichtete Kraft am Laufradumfang erzeugt (entsprechend den oben für die Rakete angestellten Überlegungen). Diese Gegenkraft bewirkt ein (aus dieser Beschleunigung entstehendes, zusätzliches) Drehmoment bzw. zusammen mit der Winkelgeschwindigkeit eine entsprechende zusätzliche Leistung an der Turbinenwelle.

Außerdem wird im Laufgitter die kinetische Energie, die schon vor dem Laufrad im Dampf vorhanden war, entnommen

$$a_{uI} = \frac{c_1^2 - c_2^2}{2}.$$

Somit ist die spezifische Arbeit am Laufradumfang auch

$$a_{uI} + a_{uII} = \tfrac{1}{2}(w_2^2 - w_1^2 + c_1^2 - c_2^2).$$

Diese Beziehung gilt für den Fall, daß das Medium auf dem gleichen Radius aus dem Laufrad austritt, auf dem es eingetreten ist, also für $u_1 = u_2$. Sollte dies nicht der Fall sein, dann kann man noch allgemeiner formulieren: Nehmen wir an, das Masseteilchen befindet sich am Laufradeintritt auf dem Radius r_1 und am Austritt auf dem größeren Radius r_2 (Bild 40), auf den es unter Einwirkung der Zentrifugalkraft gelangt ist. Ihm ist dabei eine Arbeit $-a$ vom Laufgitter übertragen worden. Die auf die Masseeinheit bezogene Größe der Arbeit läßt sich errechnen aus Beschleunigung und Weg

$$-a = \int\limits_{r=r_1}^{r=r_2} \omega^2 r \; \mathrm{d}r = \omega^2 \int\limits_{r=r_1}^{r=r_2} r \; \mathrm{d}r.$$

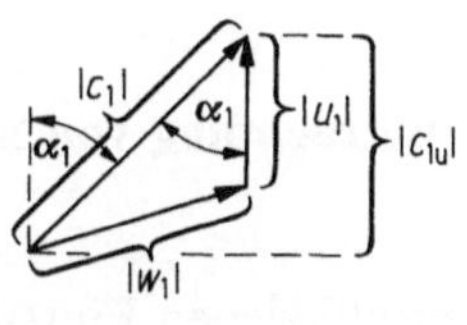

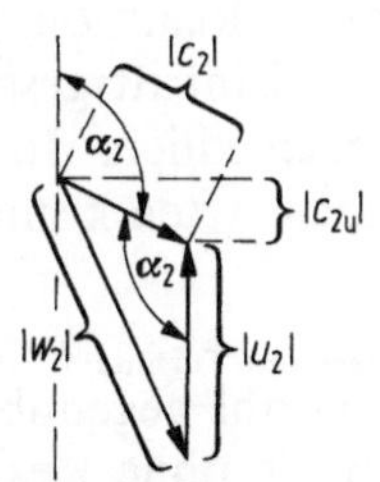

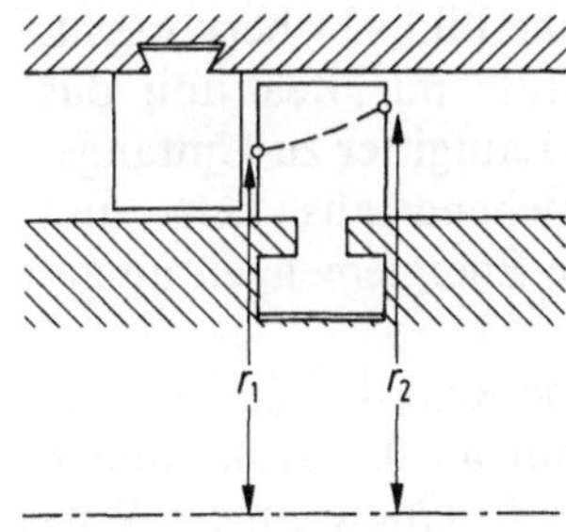

Bild 40. Radialbewegung eines Masseteilchens (Meridianschnitt, schematisiert)

Bild 41. Winkelangaben zur Aufstellung der Hauptgleichung

Die Integration ergibt

$$-a = \frac{\omega^2}{2}\,(r_2^2 - r_1^2)$$

und da $\omega^2 r^2 = u^2$, ergibt sich

$$a = \tfrac{1}{2}(u_1^2 - u_2^2).$$

Es ergibt sich dann für die gesamte an das Laufgitter abgegebene Arbeit

$$a_n = \tfrac{1}{2}(c_1^2 - c_2^2 + w_2^2 - w_1^2 + u_1^2 - u_2^2).$$

Dies ist die sog. Turbinen-Hauptgleichung, die für alle Strömungsmaschinen (auch mit beliebiger Radform ($u_1 \neq u_2$)) gilt.

Die Hauptgleichung läßt sich in die Euler-Gleichung überführen, indem die absoluten Beträge der Relativgeschwindigkeiten w_1 und w_2 nach dem Cosinussatz durch c, u und α ausgedrückt werden.

Nach dem Cosinussatz (vgl. Bild 41) ist

$$w_1^2 = c_1^2 + u_1^2 - 2c_1 u_1 \cos \alpha_1,$$
$$w_2^2 = c_2^2 + u_2^2 - 2c_2 u_2 \cos \alpha_2.$$

Somit

$$c_1 u_1 \cos \alpha_1 = \frac{c_1^2 + u_1^2 - w_1^2}{2}$$

bzw.

$$c_2 u_2 \cos \alpha_2 = \frac{c_2^2 + u_2^2 - w_2^2}{2}.$$

Da $c_1 \cos \alpha_1 = c_{1u}$ und $c_2 \cos \alpha_2 = c_{2u}$, ergibt sich aus der Hauptgleichung die Euler-Gleichung

$$a_u = u_1 c_{1u} - u_2 c_{2u}.$$

2.6.6 Vergleichende Betrachtung von Stufen ohne Reaktion bzw. mit Reaktion

Wie schon aus den verschiedenen Eintrittsdreiecken (siehe Bild 42) hervorgeht, ist bei einer Stufe ohne Reaktion gegenüber einer Stufe mit Reaktion das Verhältnis von absoluter Eintrittsgeschwindigkeit in das Laufgitter zu Umfangsgeschwindigkeit unterschiedlich. In einer Stufe (bestehend aus Leit- und Laufgitter) dieser beiden Arten können unterschiedliche Energiemengen umgesetzt werden.

Bei gegebenem $\Delta h_{\text{gesamte Turbine}}$ kann eine Turbine ohne Reaktion ($\varrho = 0$) mit etwa der halben Stufenzahl gegenüber einer Turbine mit $\varrho = 0{,}5$ auskommen. Andererseits hat die Stufe ohne Reaktion meist etwas schlechtere innere Wirkungsgrade als eine solche mit Reaktion, da ja bei derjenigen ohne Reaktion höhere Geschwindigkeiten auftreten, so daß die Reibungsverluste im Kanal meist

	$\varrho = 0$	$\varrho = 0,5$	
c_1	$\approx 2u$	$\approx u$	
$E_{\text{kinet. 1}}$ ($= \Delta h_{\text{Leitgitter}}$)	$\approx \dfrac{4u^2}{2}$	$\approx \dfrac{u^2}{2}$	
$\Delta h_{\text{Laufgitter}}$	0	$\approx \dfrac{u^2}{2}$	da bei $\varrho = 0,5$ $\Delta h'' = \Delta h'$
$\Sigma \Delta h$ (gesamte Stufe)	$\approx 2u^2$	$\approx u^2$	

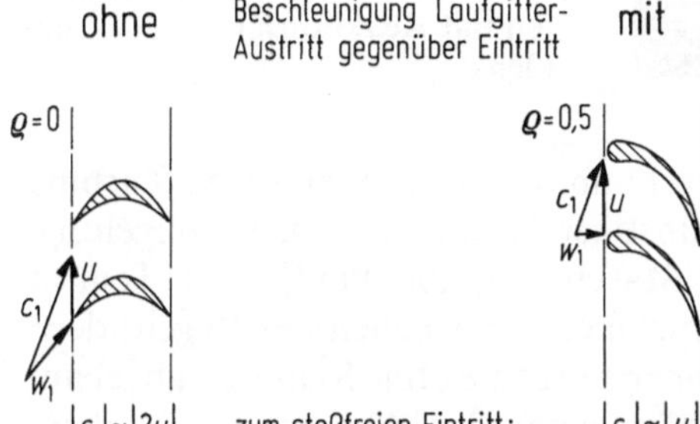

Bild 42. Stufen ohne und mit Reaktion: Bei gegebener Umfangsgeschwindigkeit ist die absolute Eintrittsgeschwindigkeit in das Laufgitter bei der Stufe ohne Reaktion ungefähr doppelt so groß wie bei der Stufe mit Reaktionsgrad $= 0,5$

größer sind. Der etwas schlechtere innere Wirkungsgrad der Stufe ohne Reaktion wird dadurch in etwa kompensiert, daß die Reibungsverluste — über die gesamte, vielstufige Turbine hinweg gesehen — wegen der geringeren Stufenzahl kleiner sind. Somit besteht bezüglich des Wirkungsgrades kein grundsätzlicher Unterschied zwischen der Turbine aus Stufen ohne bzw. mit Reaktion.

Man verwendet Stufen ohne Reaktion vor allen Dingen dann, wenn es darauf ankommt, in einer Stufe ein großes Enthalpie- bzw. Druckgefälle abbauen zu können. Zum Beispiel kann man damit am Eintritt der Turbine in der ersten Stufe ein großes Druck- und Temperaturgefälle abbauen, insbesondere dann, wenn man auf Überschallgeschwindigkeit geht. Man braucht dann das Gehäuse nur für verhältnismäßig niedrige Drücke und Temperaturen auszuführen.

Ein solcher Abbau des Druckes vor dem ersten Laufrad hat außerdem den Vorteil, daß dadurch der Volumenstrom für die nachfolgenden Stufen schon recht groß wird. Dadurch können die Spaltverluste, über die später (Abschnitt 2.6.8) gesprochen wird, in den nachfolgenden Turbinenstufen relativ klein gehalten werden.

Einen weiteren Grund für den Einsatz einer Stufe ohne Reaktion bildet die Möglichkeit der Teilbeaufschlagung (s.a. Abschnitt 2.6.3): Der Druck vor und hinter dem Laufgitter (Kontrollebenen 1 und 2) ist näherungsweise gleich. Somit strömt das Medium im wesentlichen nur an der Stelle durch das Laufgitter, an der es eingeleitet wurde, während es sich bei einer Stufe mit Reaktion über den gesamten Umfang des Laufgitters verteilen würde. Eine Stufe ohne Reaktion kann daher so ausgeführt werden, daß nur an einem Teil des Umfangs vor dem Laufgitter Düsen angebracht sind, die im übrigen auch unabhängig voneinander

Bild 43. Ausgeführte Turbine mit Gleichdruck-Regelrad (Laval-Rad) als erste Stufe, hintere Stufen mit Reaktionsgrad $\varrho > 0$ (Siemens)

zu- oder abgeschaltet werden können. Man kann auf diese Weise eine Turbine mengengeregelt fahren, was exergetisch günstiger ist als eine Drosselregelung. Man führt deshalb insbesondere solche Maschinen, die häufig bei Teillast betrieben werden, z. B. bestimmte Industrieturbinen, mit solchen sog. Regelrädern aus. Wenn ein Teil des Enthalpiegefälles in der ersten Stufe ohne Reaktion abgebaut worden ist, können die übrigen Stufen trotzdem einen Reaktionsgrad $\neq 0$ haben, also als sog. Überdruckstufen mit gutem Wirkungsgrad gebaut sein. Bild 43 zeigt einen typischen Industrieturbinenläufer. Dieser Läufer besitzt als erste Stufe ein teilbeaufschlagtes Gitter ohne Reaktion in einem sog. Regelrad, während die folgenden Stufen mit Reaktion ausgeführt sind.

2.6.7 Verwundene Schaufeln

Bisher haben wir die Schaufelkanäle lediglich in einer Ebene betrachtet, der Mittelschnittebene. Die bisher gezeigten Geschwindigkeitsdreiecke beziehen sich auf diese Mittelschnittebene. Gehen wir von Stufen mit einem Reaktionsgrad $\varrho = 0,5$ in der Mittelschnittebene aus, dann sehen Schaufelschnitte und Geschwindigkeitsdreiecke dort wie im Bild 44b dargestellt aus.

Setzt man voraus, daß

- die absolute Laufgitter-Eintrittsgeschwindigkeit c_1 über der Schaufelhöhe nach Größe und Richtung konstant ist,
- ein stoßarmer Eintritt in allen Schaufelhöhen in den bewegten Kanal gefordert wird und
- die absolute Austrittsgeschwindigkeit c_2 in allen Schaufelhöhen senkrecht auf u_2 steht,

so müssen die Geschwindigkeitsdreiecke an Kopf und Fuß anders aussehen, da dort die Umfangsgeschwindigkeiten andere Werte haben als im Mittelschnitt.

Am Kopf ist die Umfangsgeschwindigkeit vergleichsweise hoch. Der Kanal muß dementsprechend am Kopf den in Bild 44a dargestellten Verlauf haben, um einen stoßfreien Eintritt und ein kleines c_2 zu erzielen. Diese Laufradkanalform

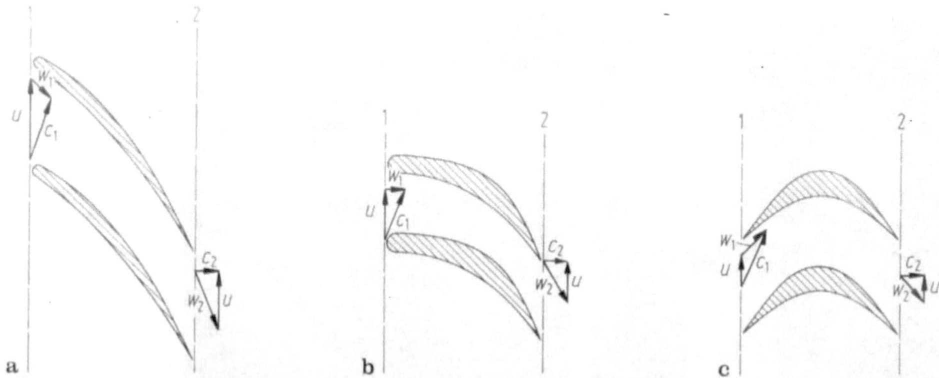

Bild 44 a–c. Kopf- (**a**), Mittel- (**b**) und Fußprofilschnitt (**c**) einer verwundenen Laufschaufel

ergibt eine starke Steigerung von w zwischen Ein- und Austritt. Die Stufe hat also am Laufschaufelkopf einen hohen Reaktionsgrad.

Am Fuß ist die Umfangsgeschwindigkeit vergleichsweise klein, so daß sich dort eine vergleichsweise flache Einströmung (fast parallel zu u_1) in den bewegten Kanal ergibt (bei gleicher Größe und Richtung von c_1 wie im Mittelschnitt). Um einen stoßarmen Eintritt zu erreichen, muß also der Kanal am Fuß am Eintritt näherungsweise in Richtung von $+u_1$ verlaufen, siehe Bild 44c. An der Austrittsseite wird eine niedrige kinetische Energie und damit ein Senkrechtstehen der absoluten Austrittsgeschwindigkeit c_2 auf der Umfangsgeschwindigkeit ange-

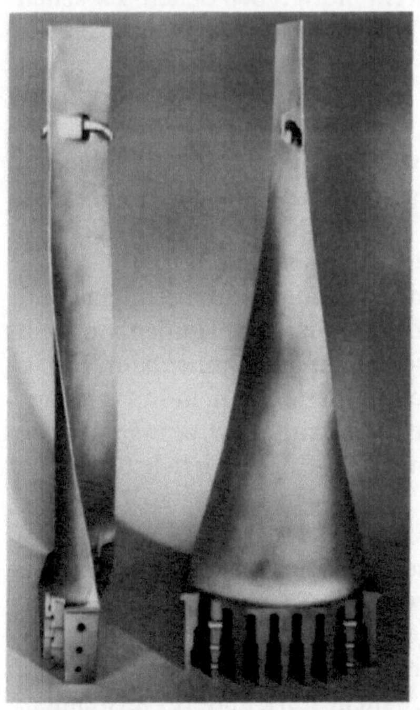

Bild 45. Verwundene Endstufenschaufeln mit Steckfuß, Länge 1044 mm, durch den Fuß bzw. die 3 Bolzen zu übertragende Kraft bei Drehzahl 3000 min^{-1} 3,6 · 10^{6}N (MAN)

Bild 46. a Bogen-„Tannenbaum"-Fuß (KWU); **b** Einsetzen einer Schaufel in die Nut des Läufers (BBC)

strebt. Dies bedingt einen Verlauf des Kanals am Austritt, der sich der Richtung von $-u_2$ nähert. Gleiche flache Ein- und Ausströmung ergeben somit am Fuß einen Schaufelkanal, der kaum Reaktion aufweist.

Die Auftragung von Fuß-, Mittel- und Kopfschnitt übereinander im Bild 44 zeigt, daß die Schaufeln in sich verwunden sein müssen. Eine solche Schaufelverwindung wird insbesondere bei langen Schaufeln nötig, bei denen zwischen Umfangsgeschwindigkeit am Kopf und am Fuß besonders große Unterschiede vorliegen, wie z.B. bei den Schaufeln in den letzten Stufen von Dampfturbinen. Ganz allgemein verwendet man sie dann, wenn man besonders hohe Wirkungsgrade anstrebt, wie z.B. bei Gasturbinen.

Alle diese Überlegungen gelten nur dann, wie erwähnt, wenn die absolute Geschwindigkeit am Eintritt in den Laufschaufeln bzw. Austritt aus dem Leitkanal, also in Ebene 1 über die gesamte Schaufelhöhe nach Größe und Richtung gleich ist. Sie setzen also unverwundene Leitschaufeln voraus.

Eine Ausführungsform einer großen verwundenen Laufschaufel zeigt das Bild 45. Außer dem im Bild 45 gezeigten Steckfuß wird auch der sog. Tannenbaumfuß (Bild 46a) verwendet. Das Einsetzen von Laufschaufeln mit Tannenbaumfuß in die Laufradscheibe zeigt Bild 46b. Der Fuß solch großer Schaufeln mit entsprechenden Massen und daraus resultierenden Zentrifugalkräften wird bogenförmig ausgeführt, um die kraftübertragenden Flächen dieser Füße möglichst groß zu machen.

Im Bild 47 ist ein doppelflutiger Niederdruckläufer einer großen Dampfturbine gezeigt, der in den vorderen Stufen unverwundene, sog. zylindrische Schaufeln besitzt, in den hinteren Stufen dagegen verwundene Schaufeln. Zylindrische Laufschaufeln, deren Herstellungskosten geringer als die gleichlanger verwundener Schaufeln sind, kann man bei kleineren Schaufelhöhen (bei denen sich die Umfangsgeschwindigkeit zwischen Kopf und Fuß nicht stark ändert) anwenden.

Bild 47. Doppelflutiger ND-Läufer, mit zylindrischen (im vorderen Teil) und mit verwundenen (im hinteren Teil) Schaufeln (KWU)

2.6.8 Innere Verluste der Turbine

Bei der Umwandlung der Enthalpie des Dampfes in Arbeit am Laufradumfang bzw. an der Turbinenwelle unterscheiden wir folgende wichtigste Arten von Verlusten:

a) Grundverluste, die die Reibung im Kanal, aber auch Strömungsstörungen am Kanalrand und durch endliche Dicke der Profilhinterkante umfassen.

b) Spaltverluste, die dadurch entstehen, daß ein Teil des Dampfes nicht durch den Kanal strömt, sondern an ihm vorbei, also durch die Spalte zwischen den feststehenden und den bewegten Teilen.

c) Verluste durch Radreibung und Ventilation. Diese sind in der Hauptsache dadurch gekennzeichnet, daß Arbeit, die bereits in mechanischer Form im Laufrad vorliegt, durch Reibung dieses Rades am Dampf wieder in Wärme umgesetzt wird. Diese Reibung tritt u.a. an den Seitenflächen eines Rades auf.

Die Verluste werden zweckmäßig in Form von sog. Verlustbeiwerten ζ angegeben, wobei die Summe aller ζ, $\sum \zeta = 1 - \eta_i$ durch das Verhältnis der tatsächlich umgesetzten Enthalpie zur isentrop umsetzbaren bestimmt ist.

$$\sum \zeta = 1 - \eta_i = 1 - \frac{\Delta h_{\text{real}}}{\Delta h_{\text{isentrop}}}$$

Die Enthalpien sind den Quadraten der Geschwindigkeiten proportional. Neben dem Verhältnis der Differenzen der Geschwindigkeitsquadrate war früher bei den Gitterwirkungsgraden auch das Verhältnis der Differenzen der ersten Potenzen der Geschwindigkeiten gebräuchlich und wurde als Geschwindigkeitsbeiwert φ bezeichnet.

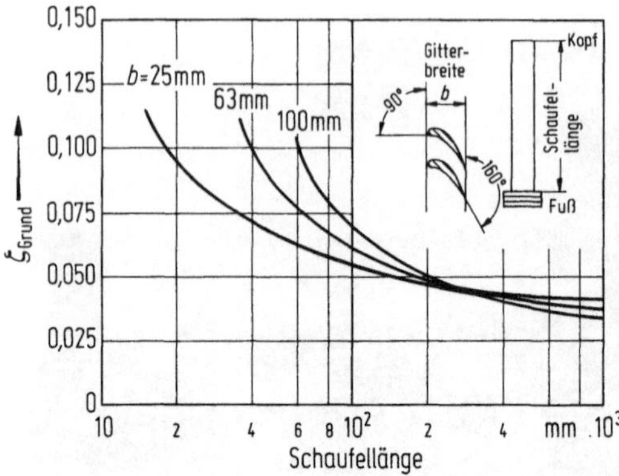

Bild 48. Grundverlustbeiwerte von Schaufelgittern mit beschleunigter Strömung in Abhängigkeit von der Schaufellänge (nach Thomas, s. Literatur-Verz.). Parameter: Gitterbreite b, Voraussetzungen: Reynoldszahl (mit w_2 und Profilsehnenlänge gebildet) $> 10^5$, Oberflächenrauhigkeit: Sandrauhigkeit mit $k = 0,015$ mm, Hinterkantendicke $= 0,0275b$

a) Grundverluste

Als typisches Beispiel sind in Bild 48 Verlustbeiwerte für die Grundverluste ζ_{Grund} über der Schaufellänge angegeben und zwar für verschiedene Breiten b von Gittern mit hoher Enthalpieumsetzung mit daraus folgender starker Beschleunigung des strömenden Mediums.

Aus dem Diagramm ist folgendes zu erkennen: Bei kleinen Schaufellängen werden die Verluste groß, bedingt dadurch, daß hier die Randeinflüsse (Störung des gewünschten Strömungsverlaufes am Kanalrand, also nahe den Füßen und Köpfen der Schaufeln) besonders ins Gewicht fallen. Nur im mittleren Teil der Schaufeln liegen diejenigen Strömungsverhältnisse vor, die der Berechnung zugrunde lagen. Diese Randeinflüsse sind nicht zu verwechseln mit den Spaltverlusten, die unten näher beschrieben werden. Letztgenannte beinhalten Verluste durch Massenströme, die ungenutzt außerhalb des Kanals vorbeifließen.

Der Randeinfluß bei kleinen Schaufellängen wirkt sich besonders bei großen Breiten b der Schaufelgitter aus. Bei großen Schaufellängen dagegen ergeben größere Gitterbreiten etwas niedrigere Verlustbeiwerte als die kleinen Breiten. Dies ist u.a. darin begründet, daß bei großen Schaufellängen die Verschlechterung durch Randeinflüsse gegenüber der Verbesserung der Strömungsführung durch größere Gitterbreiten zurücktritt.

Im Bild 49 sind die Grundverlustbeiwerte für einige typische Gitter ohne Beschleunigung aufgetragen.

Vergleicht man die Bilder 48 und 49 miteinander, so fällt zunächst auf, daß die Gitter ohne Beschleunigung im Durchschnitt über die verschiedenen Schaufellängen höhere Grundverlustbeiwerte haben. Dies ist u. a. dadurch zu erklären, daß Gitter ohne Beschleunigung mit stärkerer Umlenkung durchströmt werden, wobei sich die Strömung, da kaum Expansion erfolgt, nicht so gut anlegt. Bei großen Schaufellängen haben die breiteren Gitter geringere Verluste. Dies kommt insofern einem praktischen Bedürfnis entgegen, als mit wachsenden Schaufellängen größere Schaufelquerschnittsflächen aus Festigkeitsgründen erforderlich werden. Sowohl aus Bild 48 als auch aus Bild 49 ergibt sich, daß Schaufeln unter 20 mm Länge aus Verlustgründen kaum in Frage kommen.

b) Spaltverluste

Die als nächstes zu nennenden Spaltverluste werden durch die radialen Spalte zwischen den feststehenden und den bewegten Teilen hervorgerufen. Diese Spalte

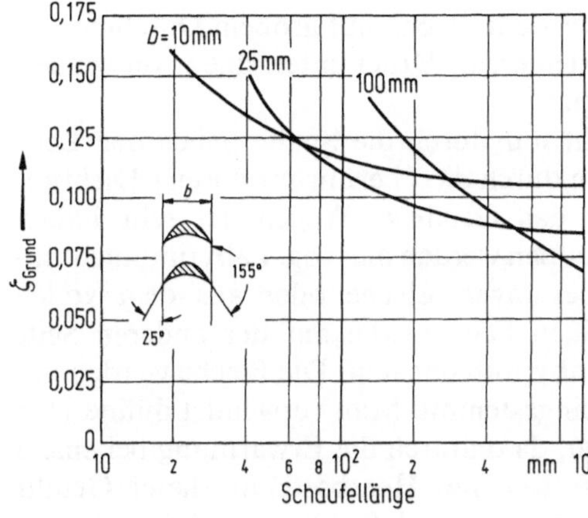

Bild 49. Grundverlustbeiwerte von Schaufelgittern ohne Strömungsbeschleunigung in Abhängigkeit von der Schaufellänge (nach Thomas, s. Literatur-Verz.), Parameter: Gitterbreite b, Voraussetzungen: wie Bild 48

sind nötig, um die unterschiedliche Dehnung von Läufer und feststehenden Teilen und die Bewegung des Läufers gegenüber den feststehenden Teilen aufzunehmen. Das Spiel liegt in der Größenordnung des 10^{-2} bis 10^{-3}fachen des betreffenden Durchmessers. Durch diese Spalte gehen Massenströme ungenutzt u.a. an den Schaufelkanälen vorbei. Aus diesen Strömen kann keine Energie entnommen werden. Daß es sich hierbei um erhebliche Spaltflächen bzw. Massenströme handeln kann, zeigt folgende Überschlagsrechnung: Bei einem Durchmesser von 2 000 mm und einem Spiel (entspricht der doppelten Spalthöhe) von 4 mm ergibt sich eine Spaltfläche von rd. 12 500 mm². Die Spaltverluste liegen in der Größenordnung einiger Prozente des Massenstromes und damit der umgesetzten Leistung.

Bei Kammerstufen, siehe Bild 50a, liegt die Leitraddichtung auf einem vergleichsweise kleinen Durchmesser. Es ergeben sich somit relativ kleine Spaltflächen. Die Kammerstufe kommt deshalb besonders bei hohem Druckgefälle über das Leitrad in Frage. Meist werden zusätzlich noch Dichtungsbleche, die unten näher dargestellt sind, in diesem Spalt angeordnet.

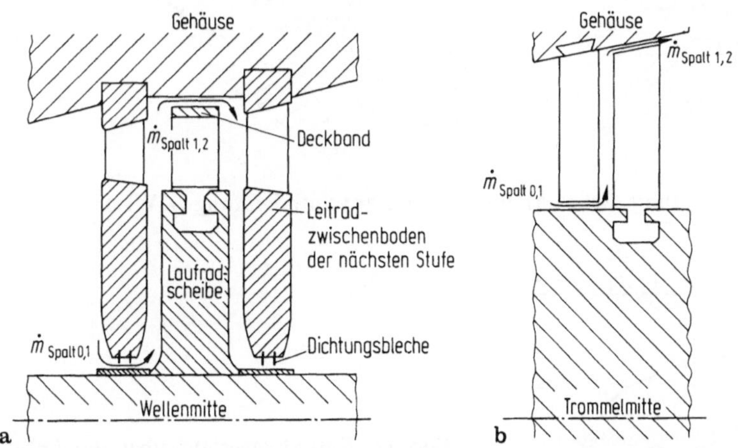

Bild 50a, b. Spaltströme, **a** bei einer Kammerstufe, **b** bei einer Trommelstufe

Bei Trommelstufen, Bild 50b, liegt der Leitradspalt auf großem Durchmesser. Sie werden eher für Leitgitter mit kleinerem Druckunterschied verwendet, insbesondere bei großen Schaufellängen.

Massenstromverluste entstehen nicht nur durch die Spalte neben den Leit- bzw. Laufschaufelkanälen, sondern auch durch die (berührungslosen) Dichtungen an den Wellendurchtritten durch das Gehäuse. Wegen der sehr hohen Druckunterschiede zwischen innen und außen werden hier sog. Labyrinthdichtungen verwendet, siehe Bild 51a. Hierbei ragen Bleche oder aus dem vollen Material gedrehte Kämme von der einen Seite in die auf der anderen Seite befindlichen Nuten hinein, so daß ein Labyrinth entsteht. Die Bleche werden mit Hilfe von Draht in eingedrehte Nuten eingestemmt. Man verwendet dünne (0,3 mm) Bleche bzw. schärft die Kämme zu, da dadurch die Erwärmung bei einem eventuellen Anstreifen geringer ist. Zur weiteren Herabsetzung dieser Gefahr können die Kräfte dadurch klein gehalten werden, daß man die gehäuseseitigen Teile der Labyrinthdichtungen gefedert anordnet, siehe Bild 51b. Die Anzahl der hintereinandergeschalteten Labyrinthe richtet sich nach dem zu überbrückenden Druckunterschied.

Der Enthalpieverlauf beim Durchströmen des Mediums durch dieses Labyrinth kann folgendermaßen dargestellt werden (Bild 52): Auf der einen Seite eines Bleches herrscht ein hoher Druck, der an der engsten Stelle (im Spalt) äußerstenfalls bis zum Laval-Druck abgebaut werden kann, wobei die Geschwindigkeit wächst (äußerstenfalls bis zur Schallgeschwindigkeit). Wir haben es hier mit einer Art einfacher Düse zu tun. Hinter der engsten Stelle gelangt das Medium wieder in einen großen Raum, in dem seine Geschwindigkeit vermindert wird und

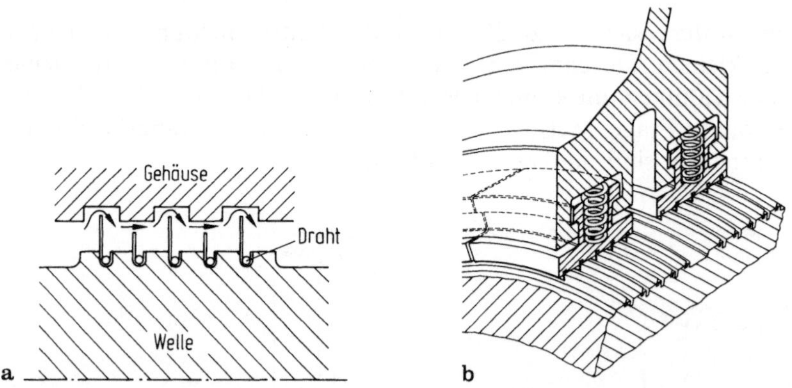

Bild 51. a Labyrinthdichtung (Schema), **b** federnde Labyrinthdichtung (KWU)

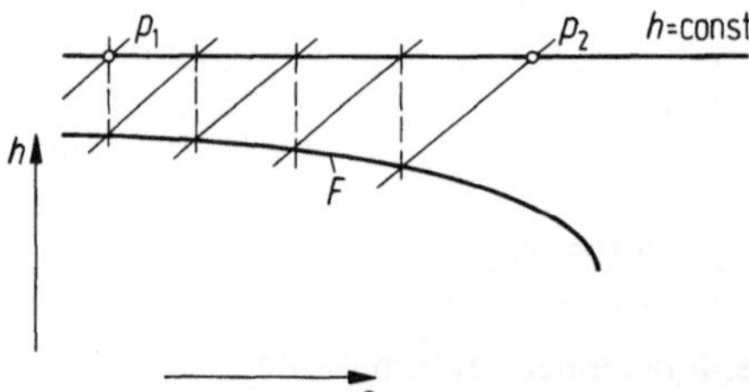

Bild 52. Enthalpieverlauf über die Labyrinthe (Fanno-Kurve F)

seine kinetische Energie durch Reibung in Wärme umgesetzt wird. Somit baut sich hier, wenn wir (mit guter Näherung) einen adiabatischen Vorgang annehmen, die Enthalpie wieder auf. An der nächsten Engstelle bzw. in der nächsten Kammer wiederholt sich dieser Vorgang.

Die Punkte höchster kinetischer Energie ergeben verbunden die im Bild 52 eingetragene Fanno-Kurve F (G. Fanno fand diese Funktion im Rahmen seiner Diplomarbeit an der ETH Zürich). Das Enthalpiegefälle und damit die maximal erreichbare Geschwindigkeit wachsen, wie aus dem h,s-Diagramm hervorgeht, von Spalt zu Spalt in Richtung zum niedrigen Druck.

Nimmt man an, daß die strömungsmäßig hintereinandergeschalteten Spalte alle die gleiche Ringfläche A_{Spalt} haben, so ist der Massenstrom durch diese Labyrinthdichtung im Unterschallgeschwindigkeitsbereich näherungsweise

$$\dot{m}_{\text{Labyr.}} \approx \mu \; A_{\text{Spalt}} \sqrt{\frac{p_{\text{hoch}}^2 - p_{\text{niedrig}}^2}{z p_{\text{hoch}} v_{\text{hochdruckseit.}}}}$$

mit μ Einschnürungsfaktor (ca. 0,8), z Anzahl der Spalte und v spezifisches Volumen in m^3/kg.

Der aus den Wellendichtungen entweichende Dampf wird im allgemeinen aufgefangen und an einer Stelle niedrigeren Druckes der Turbine wieder zugeführt. Es ist zu erwähnen, daß die Wellendichtungen, die zwischen höherem Druck außerhalb der Turbine und niedrigerem innerhalb der Turbine abdichten sollen, also die Dichtungen des Niederdruckteils, mit Sperrdampf versorgt werden müssen, der in eine Kammer zwischen den außen- und innenliegenden Labyrinthen eingegeben wird. Auf diese Weise wird vermieden, daß Luft in das Turbineninnere eindringen kann. So tritt im wesentlichen nur Wasserdampf ein, der im Kondensator dann niedergeschlagen werden kann.

Die Größe der Spaltverluste an den Lauf- und Leiträdern kann durch die Wahl geeigneter Raddurchmesser beeinflußt werden. Dies spielt beispielsweise bei Industrieturbinen eine Rolle: man kann für ein bestimmtes Gefälle eine Turbine hoher Drehzahl bauen, die dann niedrige Durchmesser mit entsprechend kleinen Umfängen und damit Spaltflächen hat. Hierbei können sich trotz der mit der hohen Drehzahl häufig (z.B. bei Antrieb eines elektrischen Generators) verbundenen Notwendigkeit, ein Getriebe zu verwenden und damit zusätzliche Verluste einzuhandeln, im Ganzen günstigere Wirkungsgrade ergeben, wie das Bild 53 zeigt. Auch Verminderungen der Investitionskosten können sich in manchen Fällen ergeben, da die schneller drehende Turbine bei gegebener Leistung geringere Abmaße hat. Für den Fall, daß ein elektrischer Generator angetrieben

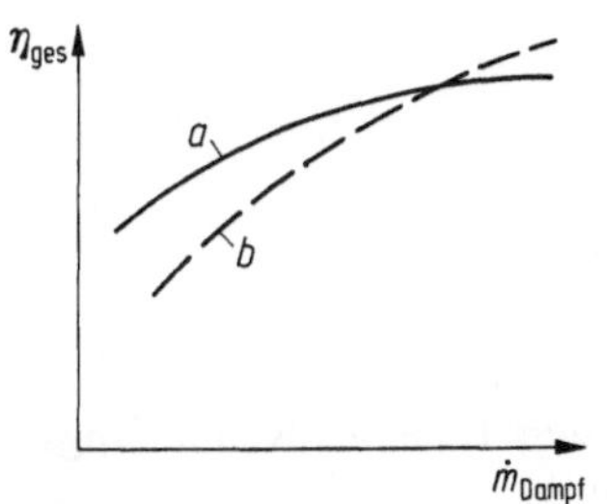

Bild 53. Gesamtwirkungsgrad von Turbine bzw. Turbine und Getriebe $\eta_{\text{ges}} = \dfrac{P_{\text{Nutz}}}{\Delta h_{\text{isentrop}} \, \dot{m}_{\text{Dampf}}}$ alsFunktion des Dampfmassenstroms. a kleiner Raddurchmesser, hohe Drehzahl, mit Getriebe; b großer Raddurchmesser, niedrige Drehzahl, ohne Getriebe

werden soll, können die Gesamtkosten außerdem noch dadurch günstig beeinflußt werden, daß anstelle eines zweipoligen Generators (Drehzahl 3 000 min^{-1} bei 50 Hz) ein vier- oder sechspoliger verwendet werden kann. Dieser ist günstiger in den Investitionskosten als ein zweipoliger, da eine kostengünstigere Läuferkonstruktion (mit ausgeprägten Polen) möglich ist. Aus dem Gesagten kann der Schluß gezogen werden, daß es häufig zweckmäßig ist, die Maschine möglichst genau für die gegebenen Betriebsverhältnisse auszulegen, insbesondere dann, wenn die Zahl der Jahresbetriebsstunden hoch ist, da dann die durch die genau passende Auslegung erhöhten Investitionskosten an Bedeutung verlieren gegenüber den durch Wirkungsgradverbesserung verminderten Betriebskosten.

c) Verluste durch Radreibung und Ventilation

Reibungsverluste treten an den Seitenflächen der Lauf-und Leiträder auf, sofern diese als Scheiben ausgebildet sind (s. z.B. Bilder 47 und 50a). Die Reibung kann folgendermaßen bestimmt werden: Der Verlustbeiwert ist

$$\zeta_{\text{Radreibung}} = \frac{a_{\text{R}}}{\Delta h_{\text{isentrop}}}$$

mit der spezifische Radreibungsarbeit $a_{\text{R}} = P_{\text{R}}/\dot{m}_{\text{Dampf}}$ bzw. der Reibleistung $P_{\text{R}} = k_{\text{R}}\omega^3 D^5 \varrho$, wobei der Reibfaktor k_{R} empirisch zu bestimmen ist. Die Größe der Radreibung nimmt insbesondere mit dem Durchmesser D der reibenden Fläche und daneben mit deren Winkelgeschwindigkeit ω zu. Die fünfte Potenz des Durchmessers ergibt sich dadurch, daß die Reibleistung linear von der Seitenfläche des Rades $\pi \dfrac{D^2}{4}$ und der dritten Potenz der Umfangsgeschwindigkeit $\omega D/2$ abhängig ist.

Die Radreibungsverluste sind klein gegen die Grundverluste und Spaltverluste (in der Größenordnung 10^{-3} der umgesetzten Enthalpie).

Der Verlust durch Ventilation kommt lediglich für teilbeaufschlagte Räder in Frage. Es sind dies die Verluste, die durch Reibung zwischen den nicht mit Dampf beaufschlagten Schaufeln und dem umgebenden Dampf entstehen. Sie werden in ähnlicher Weise bestimmt wie die durch Radreibung.

Die Verluste durch Ventilation an den nicht beaufschlagten Teilen des Regelradumfanges können dadurch vermindert werden, daß hier eine möglichst eng umschließende Abdeckung (Bild 54) vorhanden ist. So wird eine gewisse Laminarisierung der Strömung und damit eine Verminderung der Reibleistung bewirkt.

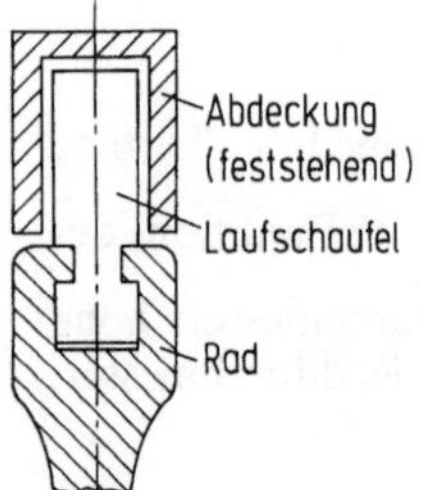

Bild 54. Abdeckung der unbeaufschlagten Teile des Radumfangs zur Verminderung der ventilationsverluste

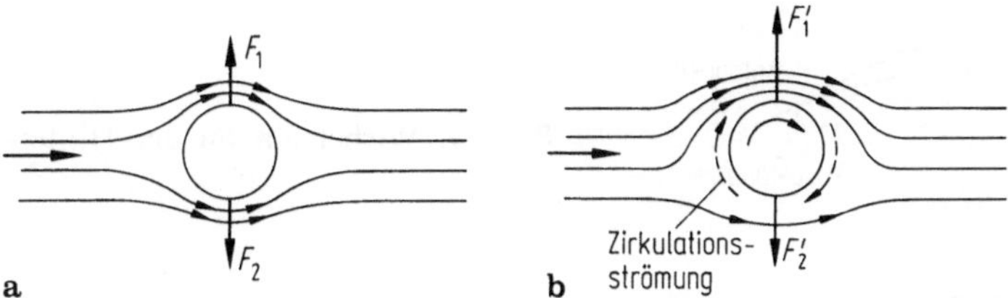

Bild 55. a Kräfte am querangeströmten, stillstehenden Zylinder; **b** Kräfte am querange-strömten, rotierenden Zylinder

2.6.9 Tragflügel-Betrachtung

Die bisherigen Betrachtungen wurden mit Hilfe der Strömung in Kanälen angestellt. Bei bestimmten Strömungsmaschinen, die eine weit auseinanderstehende Beschaufelung haben (z.B. Windkraftmaschinen), bei denen sich keine Kanäle erkennen lassen, liegt es näher, mit der Betrachtung von Tragflügeln zu arbeiten. Die Tragflügeltheorie soll hier nicht im einzelnen erläutert werden, sondern auf sie nur kurz im Sinne einer umfassenden Betrachtungsweise hingewiesen werden.

Bringt man in eine Parallelströmung einen Zylinder (Bild 55a), so heben sich die Kräfte, die durch Beschleunigung der Strömung und damit Druckabsenkung senkrecht zur Strömungsrichtung an diesem Zylinder entstehen (F_1 und F_2) gegenseitig auf. Läßt man dagegen den Zylinder rotieren, so bewegen sich die mit der Oberfläche des Zylinders in Berührung befindlichen Gasteilchen (Grenzschicht) in Richtung der Rotation mit. Diese Zirkulationsströmung überlagert sich der parallelen Anströmung, so daß die Strömung bei F'_1 eine höhere Geschwindigkeit als bei F'_2 hat. Nach der Bernoulli-Gleichung ergibt sich somit an der Oberseite ein geringerer Druck als unten und damit eine Kraftdifferenz: F'_1 ist größer als F'_2 (Bild 55b). Dieser sog. Magnus-Effekt ist in Form des Flettner-Rotors, der auf windangetriebenen Schiffen versuchsweise die Stelle der Segel einnahm, praktisch angewendet worden.

Nimmt man statt des Zylinders ein Tragflügelprofil, so tritt auch hier eine Zirkulationsströmung auf. Dies ist aus folgender Betrachtung zu ersehen: Würde ein angestellter Tragflügel (Bild 56) in einem Feld mit parallelen Stromfäden stoßfrei angeströmt werden, so müßte sich die Strömung im hinteren Teil des Tragflügels auf der Oberseite vom Profil lösen (hinterer Staupunkt), sofern keine Zirkulationsströmung um den Flügel angenommen wird. Die scharfe Hinterkante müßte mit einer scharfen Richtungsänderung umgeströmt werden. Dies kann die reale Strömung nicht. Sie löst sich in Form eines Anfahrwirbels ab (Bild 57).

Da solche Wirbel paarweise mit entgegengesetzter Rotation auftreten (Thomsonscher Wirbelsatz), bildet sich nach Abschwimmen des Anfahrwirbels eine stationäre Zirkulationsströmung aus (Bild 58), die sich der parallelen

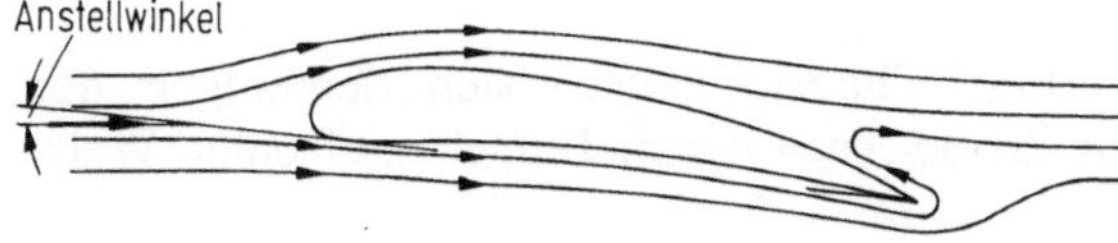

Bild 56. Reibungsfreie Umströmung eines Tragflügels (ohne Zirkulationsströmung)

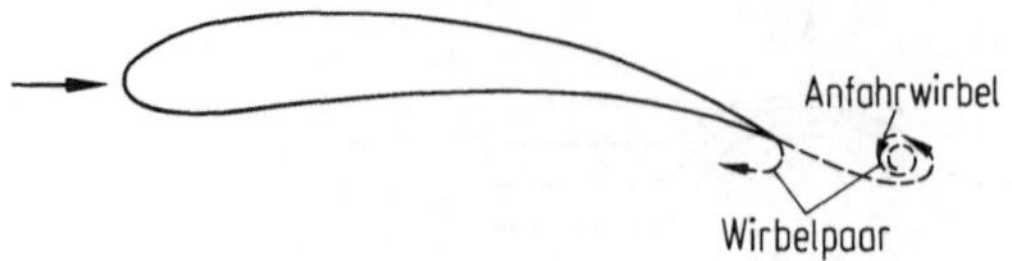

Bild 57. Wirbelpaar an der Hinterkante

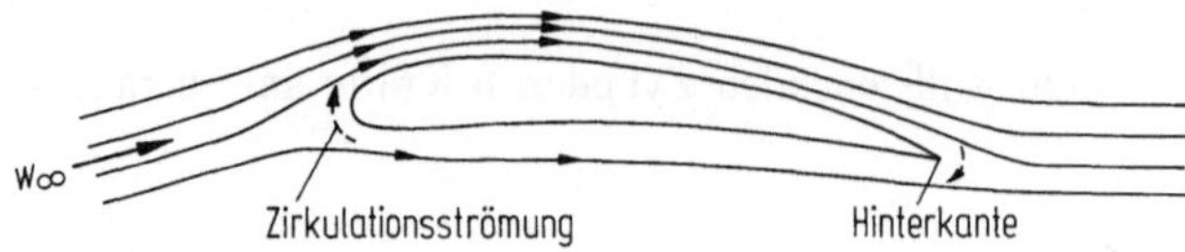

Bild 58. Umströmung des Tragflügels (mit Zirkulationsströmung)

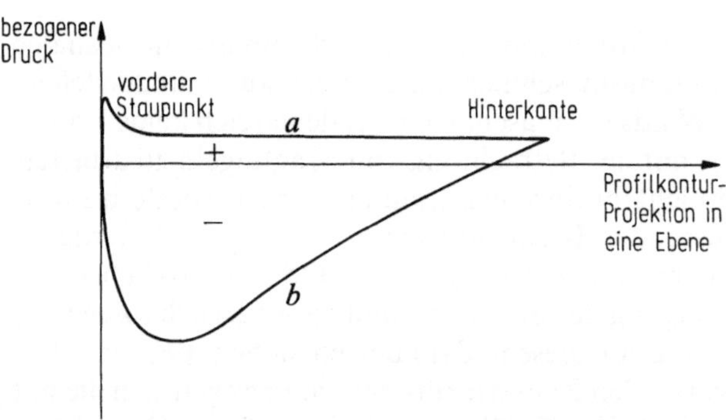

Bild 59. Druckverteilung an der Oberfläche eines realen angestellten Tragflügels (schematisiert). *a* Seite der niedrigen Strömungsgeschwindigkeiten (Druckseite); *b* Seite der hohen Strömungsgeschwindigkeiten (Saugseite)

Anströmung überlagert, so daß der hintere Staupunkt an die Hinterkante rückt. Mit der überlagerten Zirkulationsströmung ist (wie beim rotierenden Zylinder gezeigt) die Geschwindigkeit auf der Oberseite größer und damit entsprechend der Bernoulli-Gleichung der Druck kleiner als auf der Unterseite. Ein Beispiel für eine solche Druckverteilung über einer Projektion der Profilkontur ist in Bild 59 dargestellt.

Durch diese Druckverteilung wird eine Kraftdifferenz, eine Auftriebskraft F_A erzeugt, deren Größe nach Kutta-Joukowski

$$F_A = \Gamma \varrho w_\infty l,$$

von der Mediumdichte ϱ, der Relativgeschwindigkeit der unbeeinflußten Strömung vor dem Flügel w_∞, der Länge des Flügels l und der Stärke der Zirkulation Γ abhängt. Hierbei ist

$$\Gamma = \oint \vec{w} \, d\vec{s},$$

wobei mit s der Umfang der Schaufelkontur gemeint ist.

Bei einem an einer Welle befestigten Flügel (z.B. einer Turbinenschaufel oder einem Windkraftmaschinen-Flügelblatt) erzeugt diese Auftriebskraft ein Drehmoment an der Welle.

Die Ergebnisse aus der Tragflügel-Theorie nähern sich denjenigen der Kanaltheorie, wenn man eine sehr große Anzahl von Flügeln auf einer Welle annimmt.

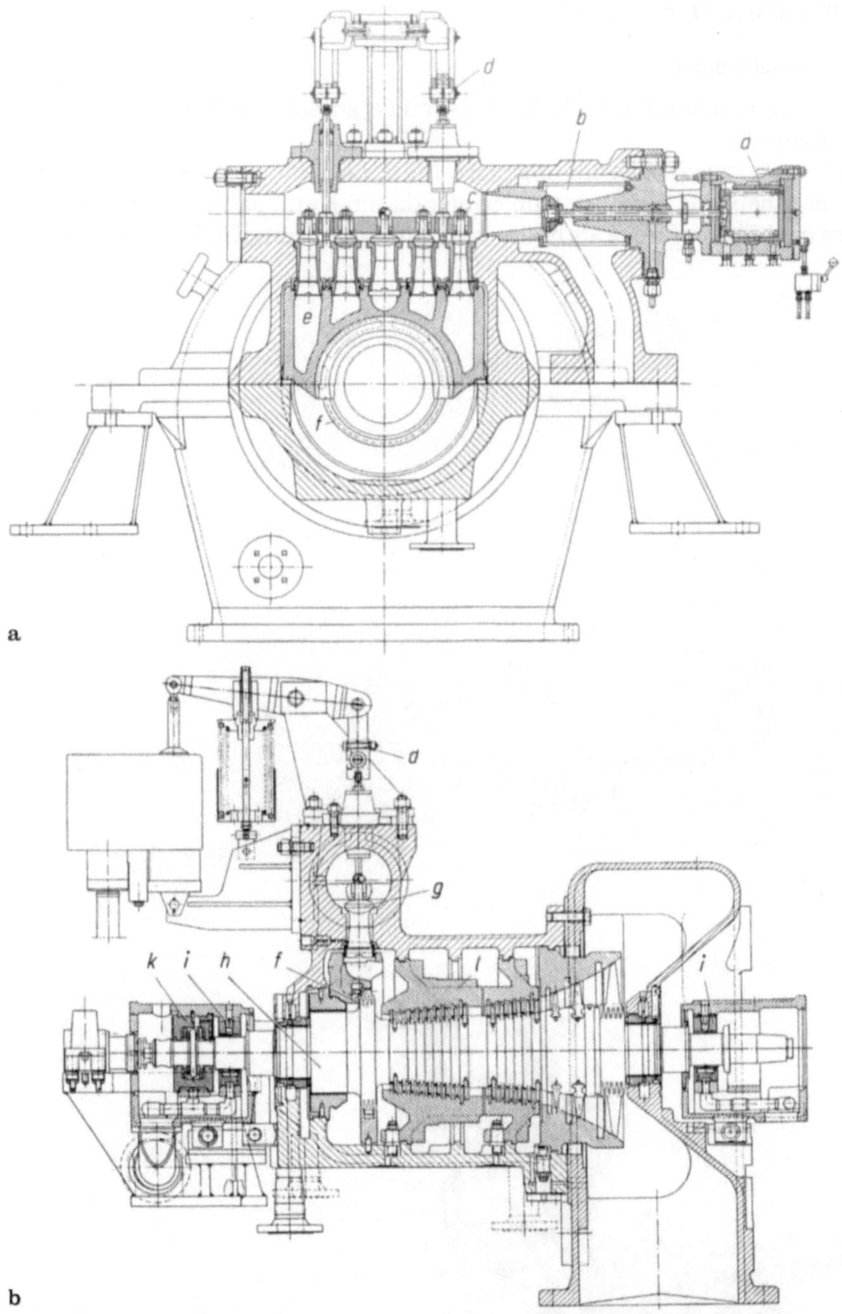

Bild 60a, b. Industrieturbine mit Trommelstufen (Siemens) (aus Thomas, s. Literatur-Verzeichnis). **a** Schnitt durch die Einströmung; **b** Längsschnitt. *a* hydraulischer Stellantrieb des Schnellschlußventils, *b* Schnellschlußventil, *c* Regelventile, *d* Regelventilantriebe, *e* Kanäle zu den Frischdampf-Düsengruppen, *f* Regelrad, *g* Überlastventil für Dampfzufuhr unmittelbar zur Stufe 2, *h* Ausgleichskolben für Axialkraft-Ausgleich, *i* Querlager, *k* Axiallager, *l* Leitschaufelträger

2.6.10 Ausgeführte Dampfturbinen

2.6.10.1 Industrieturbinen

Zunächst sollen einige typische Industrieturbinen gezeigt werden und zwar mit und ohne Reaktion.

Besonders hinzuweisen ist auf folgendes: Bei der Maschine mit Reaktion (Bild 60) tritt eine erhebliche Axialkraft am Läufer dadurch auf, daß vor den einzelnen Laufrädern ein höherer Druck als hinter den Laufrädern herrscht. Diese Axialkraft

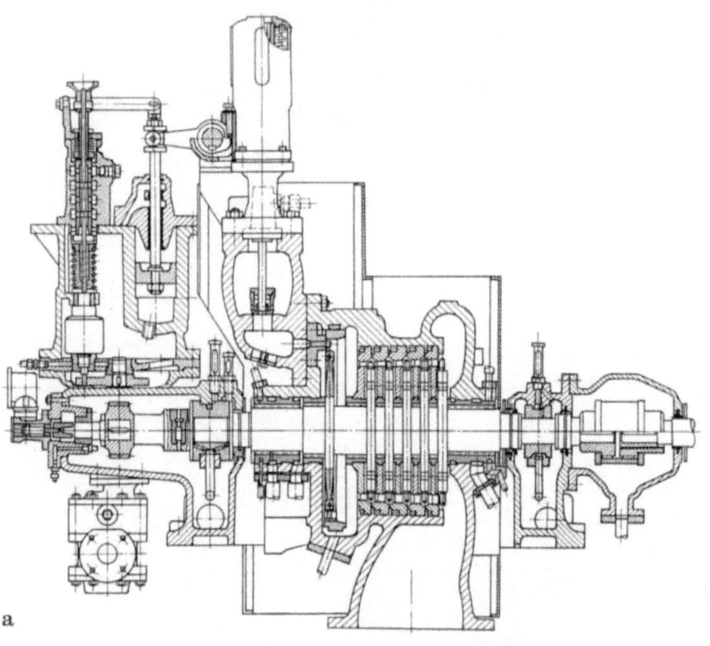

a

b

Bild 61. Industrieturbine mit Kammerstufen (AEG-Kanis) (aus Thomas, s. Literatur-Verzeichnis): **a** Längsschnitt, **b** aufgedeckte Turbine

wird größtenteils durch eine andere in Gegenrichtung wirkende Axialkraft ausgeglichen, die der Dampfdruck an einem besonderen Ausgleichskolben erzeugt. Den Rest der Kraft nimmt ein Axiallager auf. Der Läufer ist als Trommelläufer ausgeführt. Die Abdichtung des Spaltes zwischen den feststehenden Leitschaufeln und dem Läufer kann an einem verhältnismäßig großen Umfang (= langer, abzudichtender Spalt) erfolgen, da der Druckunterschied an dieser Stelle vergleichsweise klein gegenüber demjenigen einer Maschine ohne Reaktion ist.

Bei der Turbine ohne Reaktionsstufen (Bild 61) wird die Abdichtung der feststehenden gegen die bewegten Teile an einem kleinen Umfang vorgenommen. Weil das gesamte Druckgefälle über den feststehenden Teil in einer Stufe abgebaut wird, werden die Leitschaufeln in sog. Zwischenböden eingebaut, die verhältnismäßig nahe an die Mittelachse der Welle hinreichen. Diese Böden ergeben zusammen mit den Laufradscheiben Kammern, so daß man diese Maschinen auch als Maschinen in Kammerbauart bezeichnet. Die Kammerbauart wurde bereits bei den Spaltverlusten (Abschnitt 2.6.8) dargestellt. Ein Ausgleichskolben ist hier nicht nötig, da die Axialkraft wegen des geringen Unterschiedes der Drücke vor und hinter den Laufschaufeln klein ist.

Beide Maschinen besitzen als erste Stufe ein Laval-Rad, das durch Teilbeaufschlagung zur Regelung durch Massenstromänderung benutzt wird, wie bereits in Abschnitt 2.6.3 erläutert.

2.6.10.2 Große Kraftwerksturbosätze

Zur Betrachtung großer Kraftwerksturbosätze sei zunächst der Gesamtaufbau anhand von Modellen gezeigt. Bei dem Modell Bild 62a ruht der gesamte Turbosatz auf einer Stahlfundament-Tischplatte, die sich etwa 12m über dem Kellerflur befindet. Oberhalb der Tischplatte fallen neben den Gehäusen die Frischdampfleitungen und die Überströmleitungen, insbesondere die zu den beiden doppelflutigen Niederdruckteilen auf. Unterhalb der Tischplatte liegen die Kondensatoren, des weiteren eine Vielzahl von Dampf-, Öl- und elektrischen Leitungen.

Im Bild 62b wird ein weiteres Modell gezeigt, bei dem die Turbinen geöffnet sind. Die Turbinenteile werden von einem Betonfundament getragen. Von den Rohrleitungen sind nur die großen Dampfleitungen dargestellt. Die Kompensatoren zum Ausgleich der Dehnungen sind besonders an den Zuleitungen zu den ND-Teilen gut zu erkennen.

Im HD- und MD-Teil sind Innengehäuse zu erkennen. Zwischen diesen und den Läufern befinden sich die Schaufelkanäle, so daß das Außengehäuse nur mit dem Druck nach der Entspannung beaufschlagt wird und nicht mit dem hohen Eintrittsdampfdruck und der hohen Eintrittsdampftemperatur, siehe auch Bild 63. Zum einen vermeidet man dadurch dickwandige Außengehäuse. Zum anderen sorgt man dadurch dafür, daß zwischen den auf der Kanalseite liegenden und den auf der Außenseite des Innengehäuses liegenden Werkstoffasern relativ kleinere Temperaturdifferenzen auftreten, als bei Maschinen ohne Innengehäuse. Die durch den Temperaturunterschied der innen- und außenliegenden Fasern bedingte Spannung in den Gehäusewänden ist bei modernen Turbinen ein Kriterium, das

Bild 62. a Dampfturbosatz mit Stahlfundament, Modell (MAN); **b** Dampfturbine geöffnet, auf Betonfundament, MD- und ND-Teil doppelflutig, Modell (KWU)

die Geschwindigkeit begrenzt, mit der beim Anfahren und bei Lastwechseln der Dampfzustand, insbesondere die Temperatur geändert werden kann.

Die Spannungen, die durch die unterschiedliche Ausdehnung von Innen- und Außenfasern der Gehäuse bei unterschiedlichen Temperaturen bedingt sind, hängen neben dem Temperaturunterschied von der Gehäusewandstärke ab. Große Wandstärkenunterschiede über den Umfang des Gehäuses gesehen (z.B. durch breite Flansche), könnten nach zahlreichen Erwärmungs- und Abkühlungsvorgängen im Laufe der Zeit zu einer bleibenden Verformung der Gehäuse führen. Im Bild 62b sind deshalb die Innengehäuse mit nur schmalen Flanschen

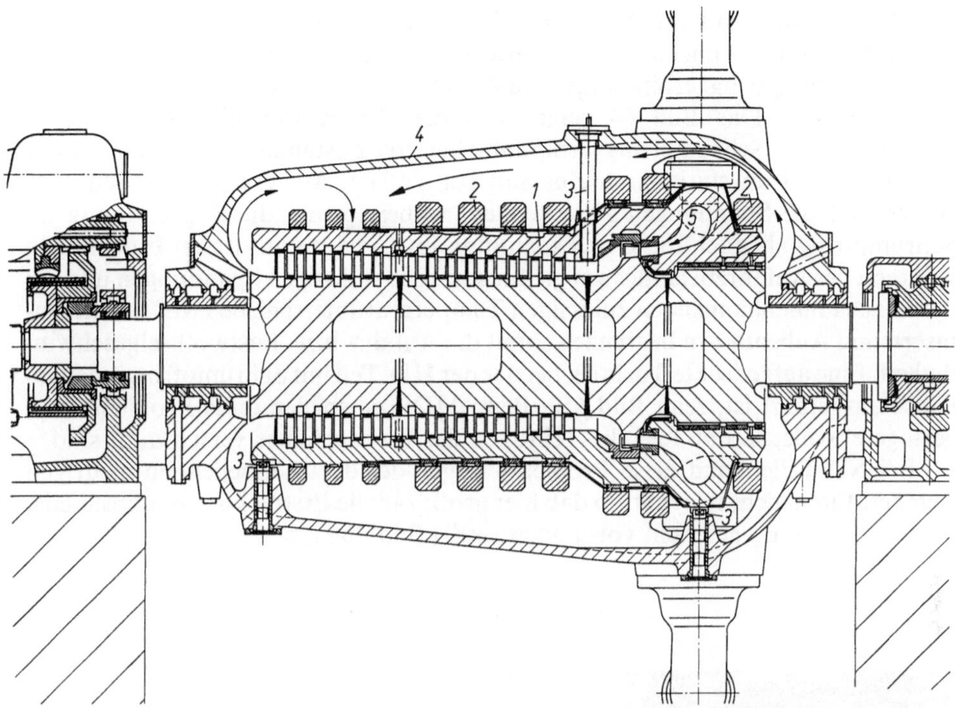

Bild 63. Hochdruckteil einer 600 MW-Turbine mit Schrumpfring-Innengehäuse (BBC).
1 Innengehäuse, *2* Schrumpfringe, *3* Abstützungen des Innen- gegen das Außengehäuse,
4 Außengehäuse, *5* Dampfeintritt, Dampfaustritt seitlich (hier nicht dargestellt), Pfeile
≙ Dampfströmung

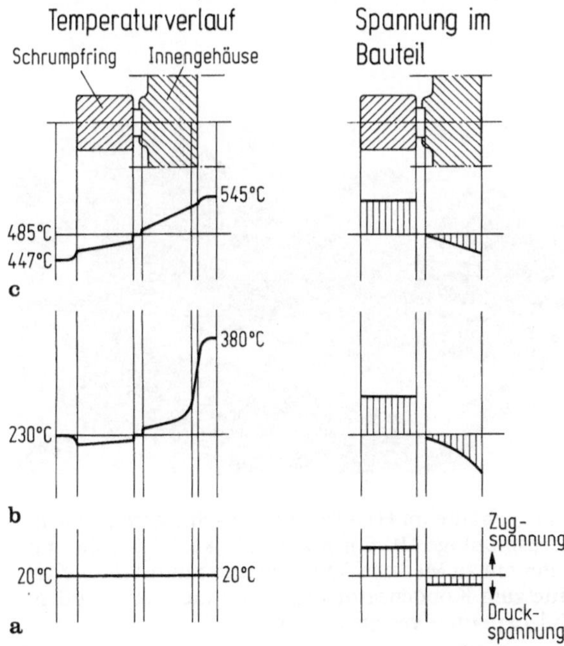

Bild 64a–c. Beanspruchungen bei einem Turbineninnengehäuse mit Schrumpfringen (nach BBC). Links sind die Temperaturen, rechts die Spannungen in Schrumpfring und Innengehäusewand aufgetragen (Zugspannung nach oben, Druckspannung nach unten). **a** bei kalter Turbine (Montagezustand); **b** bei der Aufheizung (Anfahren); **c** im warmen stationären Zustand (Lastbetrieb)

verschraubt, während durch die im Bild 63 gezeigten, auf das Innengehäuse aufgeschrumpften Ringe Teilfugenflansche ganz vermieden werden.

Die Schrumpfringverbindung ist im Anfahrzustand folgenden Beanspruchungen ausgesetzt: Das Bild 64 zeigt links die Temperatur über der radialen Erstreckung der Schrumpfringverbindung bei drei Zuständen: kalt, während des Anfahrens und im stationären Zustand bei Vollast. Auf der rechten Seite des Bildes sind die Spannungen zu erkennen, wobei sowohl die Zugspannung im Schrumpfring als auch die Druckspannung im Gehäuse an dessen Innenfasern während des Anfahrzustandes am größten ist. Die zulässigen Spannungen und die damit zusammenhängenden zulässigen Temperaturunterschiede zwischen Innenfasern und Außenfasern begrenzen somit die Anfahr- bzw. Lastwechselgeschwindigkeit. Eine aufgedeckte Turbine, bei der der HD-Teil mit Schrumpfringinnengehäuse ausgeführt ist, zeigt Bild 65a. Beim MD-Teil spielen diese Probleme eine geringere Rolle, so daß hier die Teilfugen der Innengehäuse verschraubt sind.

Bei ND-Teilen sind diese Probleme wegen der dort herrschenden niedrigen Temperaturen nicht relevant, so daß hier große radiale Erstreckungsunterschiede, über den Umfang gesehen, vorhanden sind (Bild 65b).

Bild 65. a Turbine mit Schrumpfring-Innengehäuse im HD-Teil und verschraubtem Innengehäuse im MD-Teil während der Werksmontage (BBC); **b** Aufgedeckte ND-Teile mit verschraubten Innengehäusen ohne Läufer mit zu Meßzwecken eingelegter unbeschaufelter Lehrwelle, Dampfdurchtrittsquerschnitte zum Kondensator zwischen Innen- und Außengehäuse während der Montage mit Abdeckplatten versehen (KWU)

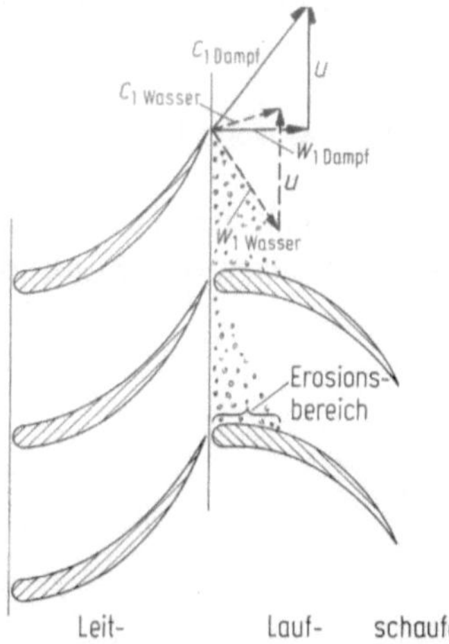

Bild 66. Geschwindigkeitsvektoren am Leitschaufel-gitter-Austritt für den Dampf ———, für das Wasser – – – –

2.6.10.3 Einige Betriebsprobleme

Dampfturbinen werden im allgemeinen für hohe Betriebsstundenzahlen ausgelegt. Mehrjähriger sicherer Betrieb ohne irgendwelches Stillsetzen wird gefordert und erreicht. Einige der gelegentlich auftretenden Probleme und Schäden sollen im folgenden gezeigt werden.

Das Bild 67 zeigt einen Schaufelschnitt einer Endstufenschaufel in der Vorderkantennähe. Hier sind durch die Endnässe Erosionserscheinungen auf der Schaufelrückenseite aufgetreten. Diese Erosionen entstehen dadurch, daß die bei der Expansion im vorgeschalteten Leitkanal entstandenen Wassertröpfchen aus dem Kanal mit niedrigerer Geschwindigkeit austreten als der Dampf. Die niedrigere Geschwindigkeit ist durch geringere Umlenkung der Tröpfchen infolge größerer Dichte gegenüber dem Dampf und durch die Reibung des Wassers an der Schaufel bedingt. Selbst wenn man die Austrittsrichtung von Dampf und Wasser gleich annimmt (was, wie erwähnt, nicht zutrifft), ergäben sich allein durch den Geschwindigkeitsunterschied unterschiedliche Geschwindigkeitsdreiecke hinter dem Leitgitter (Bild 66). Die Relativgeschwindigkeit des Wassers zum bewegten

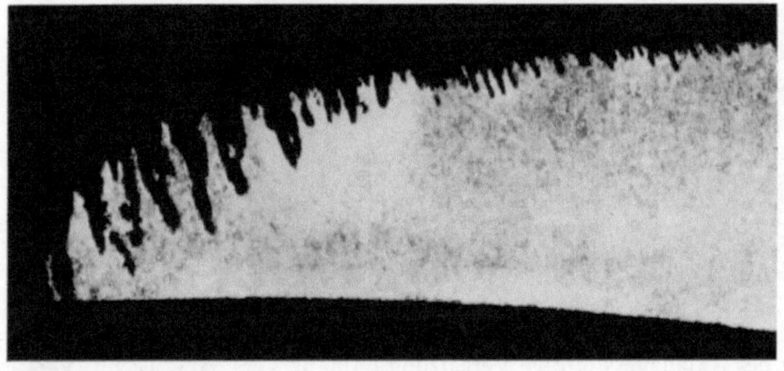

Bild 67. Laufschaufelvorderteil-Schnitt (Schliffbild) mit Tropfenschlag-Erosion (Allianz Vers. AG, Techn. Vers.)

Kanal ist so gerichtet, daß die Tröpfchen auf die Rückenseite der Laufschaufel in der Nähe der Schaufelvorderkante aufprallen. Sie können diese im Laufe der Zeit erodieren.

Ein anderes Bild eines Schaufelschadens zeigt eine mechanische Einwirkung durch Festkörper (Bild 68).

Bei zu großen Dampftemperaturanstiegen pro Zeiteinheit kann der sich rascher als das Gehäuse dehnende Läufer zum radialen Anstreifen kommen (Bild

Bild 68. Durch Festkörper beschädigte Laufschaufeln (Allianz Vers. AG, Techn. Vers.)

Bild 69. a Schaden durch radiales Anstreifen der Laufschaufeln infolge zu großer Dampftemperaturschwankungen (Allianz Vers. AG, Techn. Vers.); **b** Axialer Anstreifschaden durch Überlastung des Axiallagers infolge Versalzung (Allianz Vers. AG, Techn. Vers.); **c** Dauerbruch an einer Schaufel eines stark versalzten Läufers (Allianz Vers. AG, Techn. Vers.)

69a). Eine nicht ausreichende Speisewasserqualität führt zu Versalzungen der Turbine. Diese müssen zwar nicht unbedingt sofort zu einem Schaden führen. Sie können aber doch z.B. eine Überlastung des Axiallagers infolge höherer Druckabfälle über die Laufschaufeln bewirken und dadurch zu Anstreifschäden führen (Bild 69b) oder auch über Korrosionserscheinungen zu Kerbspannungen bzw. Dauerbrüchen führen (Bild 69c).

2.7 Kolbendampfmaschinen

Die Kolbendampfmaschine, die zeitlich vor der Dampfturbine industriell angewendet wurde, besitzt heute noch Bedeutung für kleine Leistungen (bis zur 10^2 kW Größenordnung) in Form des sog. Dampfmotors. Die Kolbendampfmaschine soll deshalb hier kurz behandelt werden, wobei ihre Darstellung gleichzeitig als Übergang von den Dampfkraftanlagen zu den Kolbenmotoren gedacht ist.

2.7.1 Arbeitsprinzip

Bei der Kolbendampfmaschine wird im Gegensatz zur Turbine die Dampfenthalpie nur zu einem geringen Teil in kinetische Energie umgesetzt. Zum überwiegenden Teil wird die potentielle Energie des Dampfes direkt an den Kolben abgegeben. Der Kolben befindet sich in einem Zylinder. Die hin- und hergehende Bewegung des Kolbens wird über einen Kurbeltrieb mit Kreuzkopf (Bild 70a) in drehende Bewegung umgesetzt. Die Funktion des beim Kurbeltrieb nötigen Kreuzkopfes kann auch vom Kolben mitübernommen werden. Man bezeichnet die letztere als Tauchkolbenausführung (Bild 70b).

Gegenüber der Turbine bestehen weiterhin folgende wesentliche Unterschiede: Wegen der oszillierenden Bewegung des Kolbens ist kein kontinuierlicher Dampfstrom möglich. Auch das Drehmoment ist nicht konstant. Es muß durch besondere Maßnahmen näherungsweise konstant während einer Umdrehung gemacht werden, z.B. durch einen Energiespeicher (Schwungrad).

Man unterscheidet bezüglich der Wirkung des Dampfes auf den oder die Kolben einfachwirkende bzw. doppeltwirkende Maschinen (Bild 71a,b). Wenn

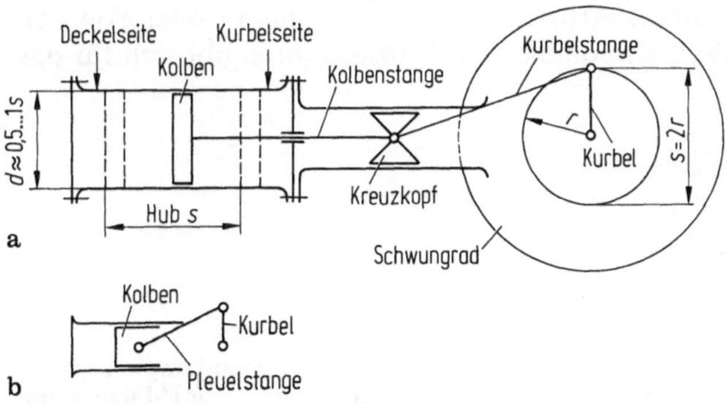

Bild 70a, b. Schematischer Aufbau von Kolbenmaschinen: Ausführung **a** mit Kreuzkopf; **b** mit Tauchkolben

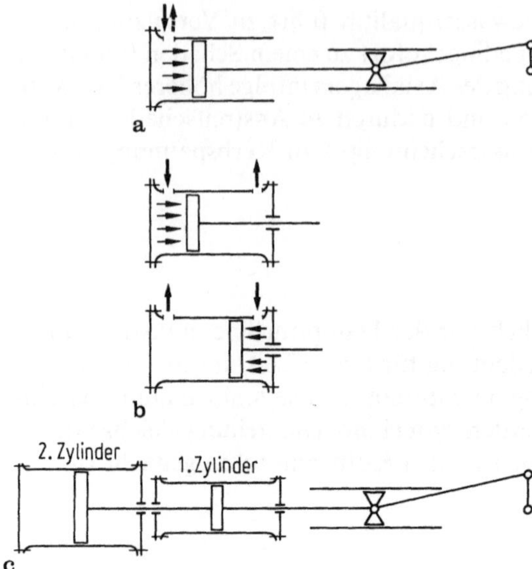

Bild 71a–c. Möglichkeiten der Wirkung (Energieabgabe) auf den oder die Kolben. **a** einfach wirkend; **b** doppelt wirkend; **c** Tandem (beide Kolben können einfach oder doppelt wirkend sein)

zwei Kolben auf einer gemeinsamen Kolbenstange hintereinander sitzen, spricht man von einer Tandemmaschine (Bild 71c).

Die Maschinen können als Mehrfachexpansionsmaschinen ausgeführt werden, bei denen der Dampf in dem ersten Zylinder nur teilweise entspannt und dann dem zweiten Zylinder zugeführt wird. Dessen Kolben- bzw. Zylinderdurchmesser ist dem mit der Expansion wachsenden Dampfvolumen angepaßt. Somit kann z.B. bei einer Tandemmaschine für alle Zylinder der gleiche Hub erreicht werden.

Die Vorgänge im Zylinder sind prinzipiell folgende (Bild 72): Zunächst wird aus dem Reservoir (Dampferzeuger) Dampf bei konstantem Druck in den Zylinder gegeben. Dabei wird der Kolben vom Dampf aus der Lage 0 in die Lage 1 verdrängt. Dabei wird Arbeit an den Kolben abgegeben. Am Punkt 1 wird die Dampfzufuhr unterbrochen. Der Dampf expandiert, wobei weiterhin Arbeit an den Kolben abgegeben wird und Druck und Temperatur des Dampfes sinken. Nach der Expansion muß der Dampf aus dem Zylinder entfernt werden. Der Dampf wird bei konstantem Druck aus dem Zylinder ausgeschoben, wobei die hierfür erforderliche mechanische Arbeit aus dem Schwungrad oder von den anderen arbeitenden Zylindern entnommen wird. Insgesamt ergibt sich für das

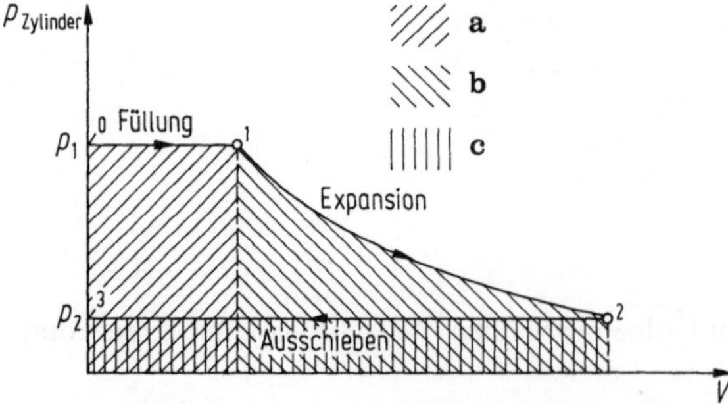

Bild 72. Kolbendampfmaschine: theoretisches p,V-Diagramm. **a** Füllungsarbeit, **b** Expansionsarbeit, **c** Ausschiebearbeit

theoretische Diagramm folgende verfügbare Arbeit

$$W = p_1 V_1 + \int\limits_1^2 p\,\mathrm{d}V - p_2 V_2$$

pro Kurbelumdrehung.

2.7.2 Abweichung des realen vom theoretischen p,V-Diagramm

Der geschilderte Vorgang läßt sich in der Praxis nicht vollständig verwirklichen. Das reale Diagramm weicht insbesondere in folgenden Punkten vom geschilderten theoretischen ab (siehe Bild 73):

a) Der Kolben wird nicht bis zum Volumen V_2 geführt, sondern nur bis 2', da der Vergrößerung des Hubes von 2' auf 2 und damit der Vergrößerung des

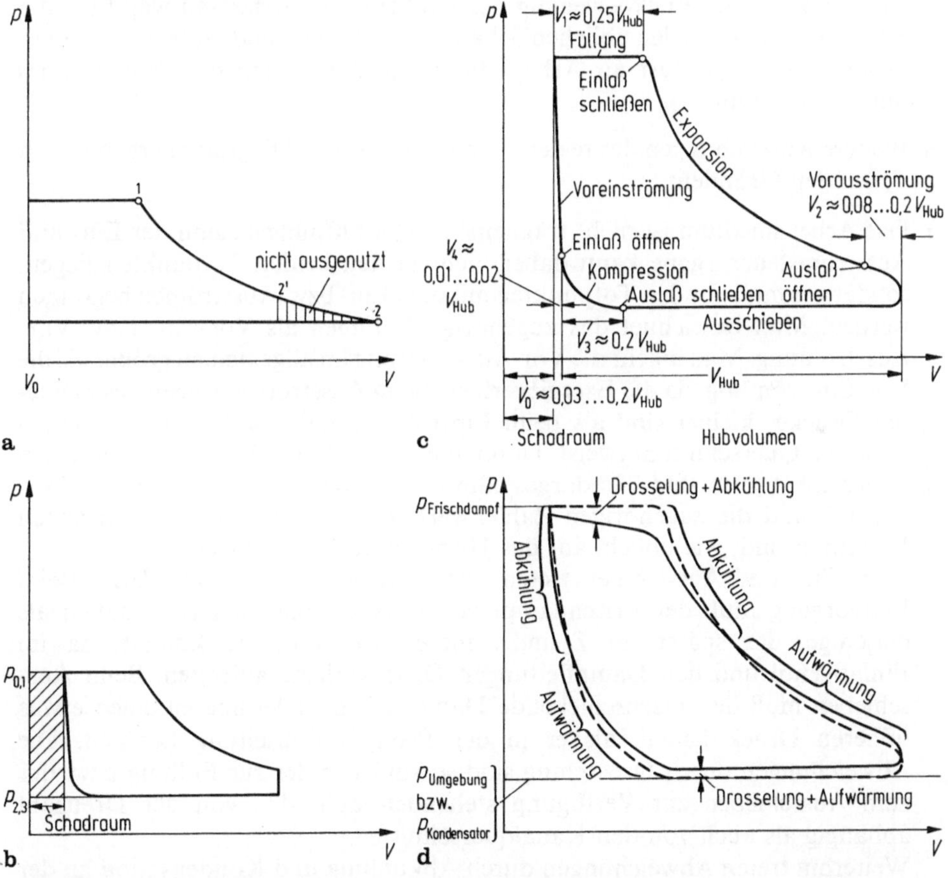

Bild 73a–d. Kolbendampfmaschine: Abweichungen des realen vom theoretischen Diagramm. **a** Unvollständige Ausnutzung des Arbeitsvermögens infolge begrenzter Baulänge (begrenzten Hubes); **b** Schadraumverlust; **c** Vor-Einströmung und Vor-Ausströmung; **d** Wirkung der Drosselung und Abkühlung bzw. Aufwärmung (Druckunterschiede überhöht dargestellt): ——— Diagramm nach Drosselung und Aufwärmen bzw. Abkühlen des Dampfes an den Zylinderwänden, – – – Diagramm ohne Drosselung und Aufwärmung

Bauaufwandes nur eine verhältnismäßig kleine zusätzlich gewinnbare Arbeit gegenüberstände (Bild 73a)

b) Der Kolben kann bis nicht bis zum Volumen $V = 0$ geführt werden, da sonst wegen unterschiedlicher Wärmeausdehnung von Kolbenstange und Zylinder eine Berührung zwischen Kolben und Zylinderdeckel eintreten kann. Außerdem wird durch andere Bauteile, z. B. die Steuerorgane, ein gewisser Raum beansprucht, der nicht vom Kolben überstrichen werden kann.
Der Raum, den der Kolben beim Ausschieben des Dampfes nicht überstreichen kann, wird als Schadraum bezeichnet. Diese Bezeichnung hat folgenden Grund: Bei jedem Füllen des Zylinders muß dieser Raum mit Frischdampf vom Druck $p_{2,3}$ auf den Druck $p_{0,1}$ gebracht werden; somit geht dieser Frischdampf für die Energieabgabe an den Kolben verloren (siehe schraffierte Fläche im Bild 73b). Dieser Raum ist also für die Energieabgabe schädlich. Um den Arbeitsverlust klein zu halten, greift man zum Mittel der Kompression während der Rückbewegung des Kolbens. Der Arbeitsaufwand für die Kompression ist bei den üblichen Schadraumvolumina und Gütegraden etwas kleiner als der Verlust an Arbeit durch die Auffüllung des Schadraumes mit Frischdampf.

Weitere Abweichungen des realen vom theoretischen Diagramm ergeben sich aus folgenden Gründen:

c) Das Arbeitsmedium ist nicht trägheitslos. Der Öffnungsbeginn der Ein- und Ausströmsteuerorgane kann daher nicht in den beiden Totpunkten liegen, sondern es muß vor den Totpunkten mit dem Ein- bzw. Ausströmen begonnen werden. Man bezeichnet das zugehörige Volumen als Vor-Ein- bzw. Vor-Ausströmung. Man macht die Vor-Ausströmung im allgemeinen größer als die Vor-Einströmung, da die Exergieverluste beim Ausströmen wegen des kleineren Druckes kleiner sind als beim Einströmen und das Auslaßventil einen größeren Querschnitt aufweist. Durch die geschilderten Vorgänge ergibt sich insgesamt das im Bild 73c dargestellte Diagramm, in welches die einzelnen Begriffe und die zugehörigen Zahlenwerte eingetragen sind (die einzelnen Volumina sind, wie üblich, auf das Hubvolumen V_H bezogen).

d) Beim Ein- und Ausströmen treten Drosselvorgänge auf (Bild 73d). Beim Füllvorgang muß der Frischdampf einen etwas höheren Druck haben als derjenige, der später im Zylinderinneren zur Wirkung kommt, da im Einlaßventil und den Dampfleitungen Druckverluste auftreten. Beim Ausschieben muß der auszuschiebende Dampf im Zylinderinneren einen etwas höheren Druck haben, als er in der Dampfabfuhrleitung herrscht. Die Abweichungen durch Drosselung sind sowohl von der zur Füllung bzw. der zum Ausschieben zur Verfügung stehenden Zeit, d.h. von der Drehzahl abhängig als auch von den Kanalquerschnitten.
Weiterhin treten Abweichungen durch Abkühlung und Kondensation an der Zylinderwand auf. Diese Zylinderwand nimmt ja eine niedrige Temperatur als die des Frischdampfes an, da sie Wärme nach außen gibt und auch gegen Ende des Expansionsvorganges mit Dampf von verhältnismäßig niedriger Temperatur in Berührung kommt. Im ersten Teil der Arbeitsleistung tritt also eine gewisse Abkühlung des Dampfes ein, ebenso am Ende der Kompression.

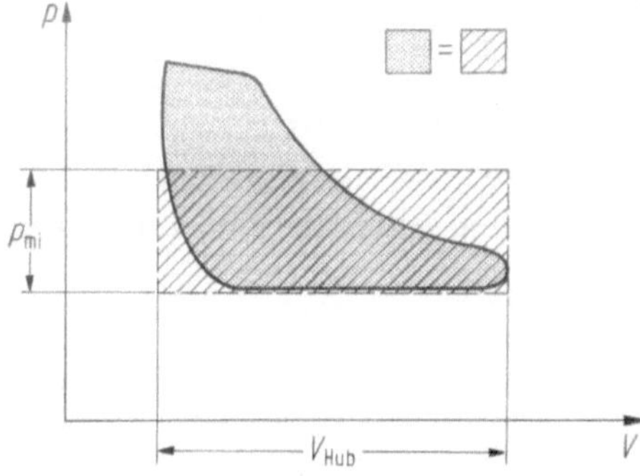

Bild 74. Reales p,V-Diagramm und Ermittlung des mittleren indizierten Druckes p_{mi}

Dagegen wird im zweiten Teil des Expansionsvorganges und am Anfang des Kompressionsvorganges der Dampf von der Zylinderwand erwärmt.
Außerdem treten Abweichungen durch Undichtigkeiten insbesondere zwischen Kolben und Zylinderwand auf.
Weiterhin weist das reale Diagramm keine scharfen Eckpunkte auf (außer demjenigen links oben), da ja nur ein allmähliches Öffnen und Schließen der Ein- und Auslaßorgane möglich ist und während dieser Bewegung die Drosselung unterschiedlich ist.

Die an den Kolben abgegebene Energie kann aus dem realen p,V-Diagramm ermittelt werden (im p,V-Diagramm entsprechen Flächen Arbeiten, wie sich aus dem Produkt der Einheiten von Druck und Volumen ergibt). Die an den Kolben übertragene Arbeit entspricht also der umfahrenen Fläche im p,V-Diagramm.

Durch Messen des Druckes in Abhängigkeit vom Kolbenweg mit dem sog. Indikator läßt sich das reale p,V-Diagramm zeichnen (s. Bild 74) (bei doppeltwirkenden Maschinen zwei Diagramme). Die unregelmäßig geformte, ausplanimetrierte Diagrammfläche kann ersetzt werden durch ein oder zwei Rechtecke aus Hubvolumen und mittlerem indiziertem Druck p_{mi}. Die Arbeitsabgabe während einer Umdrehung (entspricht zwei Kolbenbewegungen) ist somit

$$W_{\text{Kolben}} = \sum (p_{mi} V_{\text{Hub}})$$

und ergibt multipliziert mit der Drehzahl n die an den Kolben abgegebene Leistung

$$P_{\text{Kolben}} = n \sum (p_{mi} V_{\text{Hub}}).$$

Das Verhältnis der an den Kolben abgegebenen Leistung zur Leistung die bei isentroper Arbeitsweise zur Verfügung stehen könnte, bezeichnet man als indizierten Wirkungsgrad:

$$\eta_i = \frac{P_{\text{Kolben}}}{\Delta h_{\text{isentrop}} \dot{m}_{\text{Zudampf}}}.$$

Im Zähler kann das reale, durch Messungen ermittelte Enthalpiegefälle und der tatsächlich wirksame Dampfmassenstrom eingesetzt werden. So kann η_i auch geschrieben werden als

$$\eta_i = \frac{\Delta h_{real}\dot{m}_{Dampf\ wirksam}}{\Delta h_{isentrop}\dot{m}_{Zudampf}}.$$

Da die Massenstromverluste durch Undichtigkeiten sehr klein sind, kann man mit guter Näherung auch schreiben

$$\eta_i \approx \frac{\Delta h_{real}}{\Delta h_{isentrop}}.$$

In praxi werden Werte für η_i zwischen etwa 0,7 und 0,85 erreicht. Hierbei gelten die niedrigeren Werte für Maschinen mit niedrigerem Gegendruck und dementsprechend großen Dampfvolumina und Drosselverlusten.

Die Leistung am Kolben wird, vermindert um mechanische Verluste, z. B. Kolbenreibung, Reibung in den Lagern des Kurbeltriebes, Stopfbuchsreibung usw., als mechanische Leistung an der Welle abgegeben. Die zuletzt genannten Verluste werden im mechanischen Wirkungsgrad zusammengefaßt:

$$\eta_{mech} = \frac{P_{Kupplung}}{P_{Kolben}},$$

dessen Wert bei 0,9 liegt.

2.7.3 Steuerung und Regelung

Auch bei Kolbendampfmaschinen ist eine Leistungsänderung sowohl über den Massenstrom als auch über das Gefälle möglich.

Durch Änderung des Füllungsvolumens (Bild 75a, 1.) wird die zugeführte Frischdampfmasse und damit die Arbeitsfläche des p,V-Diagramms verändert, wie die gestrichelte Kurve zeigt. Bei der Drosselung (Bild 75a, 2.) wird der Dampfeintrittsdruck abgesenkt und dadurch die Arbeitsfläche verkleinert (punktierte Kurve). Die Änderung der zugeführten Frischdampfmasse durch Füllungsänderung ist exergetisch günstiger als die Drosselung.

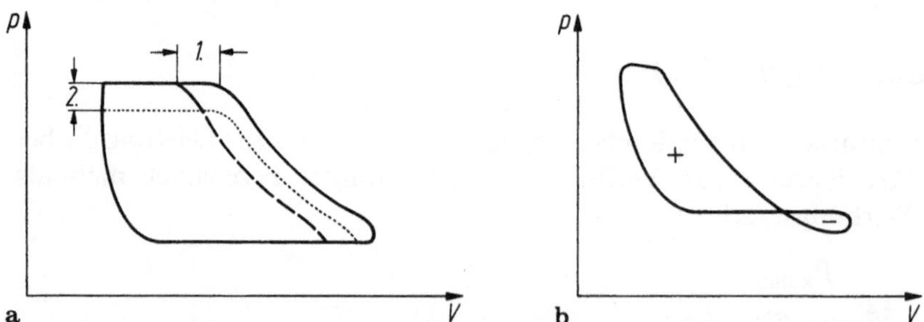

Bild 75. a Auswirkung verschiedener Arten der Regelung im p, V-Diagramm, 1. Änderung des Füllungsvolumens, 2. Absenkung des Frischdampfdruckes (z. B. durch Drosselung); **b** Unterschneidung im p,V-Diagramm

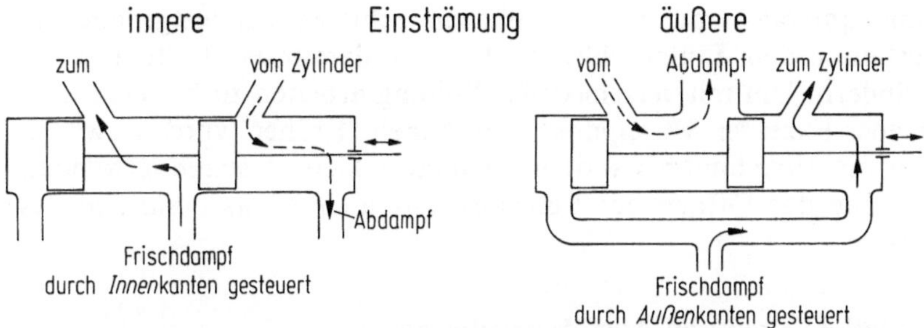

Bild 76. Schieber mit innerer bzw. äußerer Einströmung (bei innerer Einströmung steht Schieber-Stopfbuchse nicht unter Frischdampfdruck)

Bei zu geringer Füllung kann im Indikatordiagramm eine negativ umfahrene Schleife auftreten. Diesen Vorgang bezeichnet man als Unterschneidung (Bild 75b).

Die Steuerung der Maschinen kann entweder durch Schieber oder durch Ventile vorgenommen werden. Schieber können mit innerer oder äußerer Einströmung ausgeführt werden (Bild 76).

Bei den Schiebern wird der Kolbenschieber (früher auch der Muschelschieber) verwendet, während Ventile als Kegelventile oder als Doppelsitzventile ausgeführt sind. Ventile werden über Nockenwellen oder hydraulisch betätigt, während für den Antrieb der Schieber Kurbeltriebe verwendet werden. Der Zusammenhang zwischen Arbeitskurbel- und Schieberkurbelbewegung ist im Schieberdiagramm nach Müller-Reuleaux darstellbar (Bild 77).

Wie hieraus zu ersehen, ist der Abstand zwischen zwei Steuerpunkten der gleichen Leitung, z.B. der Einlaßleitung, durch die Geometrie des Schiebers

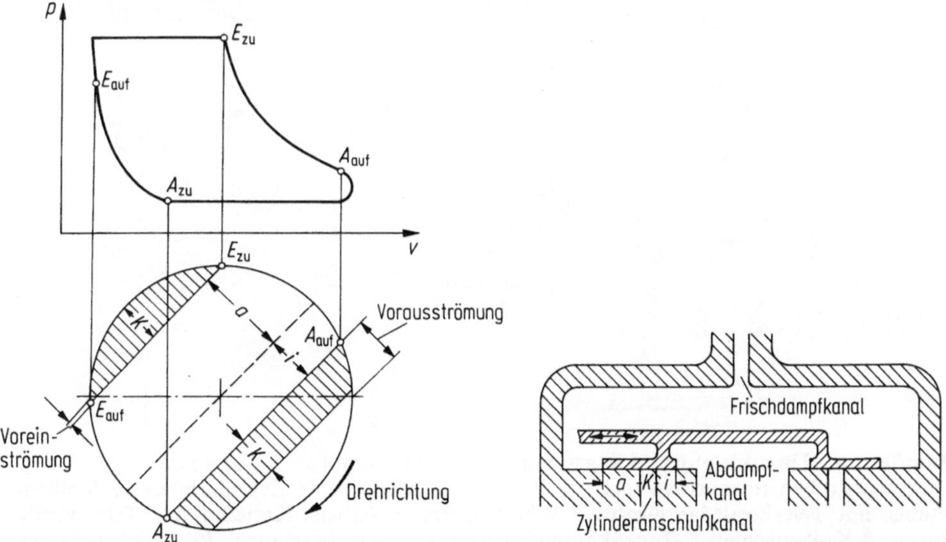

Bild 77. Müller-Reuleaux-Schieber-Diagramm mit Muschelschieber mit äußerer Einströmung (Kanalbreiten im Diagramm gegenüber dem Schieber maßstäblich vergrößert)

festgelegt. Man kann also mit einem einfachen Schieber bei festgehaltenem Einlaßöffnungspunkt den Einlaßschließpunkt und damit die Füllung nicht ohne weiteres ändern. Um mit verschiedener Füllung arbeiten zu können, wird heute der Schieber-Exzenter-Mittelpunkt verschoben. Früher wurden zwei in Dampfströmungsrichtung hintereinandergeschaltete Schiebersysteme verwendet, von denen das eine das Öffnen des Einlasses, das andere das Schließen des Einlasses bewirkte.

2.7.4 Einsatzmöglichkeiten und Ausführungsformen

Die Kolbendampfmaschine eignet sich im Gegensatz zur Turbine vorwiegend für kleine Dampfvolumen- und damit auch Dampfmassenströme, also für kleine Leistungen in der 10^{-1} MW-Größenordnung.

Weiterhin ist die Kolbendampfmaschine auf vergleichsweise hohe Gegendrücke angewiesen. Es ist zwar möglich, Kolbendampfmaschinen auf einen Kondensator arbeiten zu lassen, aber nicht bis zu so niedrigen Drücken, wie sie bei Turbinen möglich sind. Die zulässigen Endnässen müssen wegen Wasserschlaggefahr bei der Kolbendampfmaschine wesentlich kleiner sein als bei Turbinen.

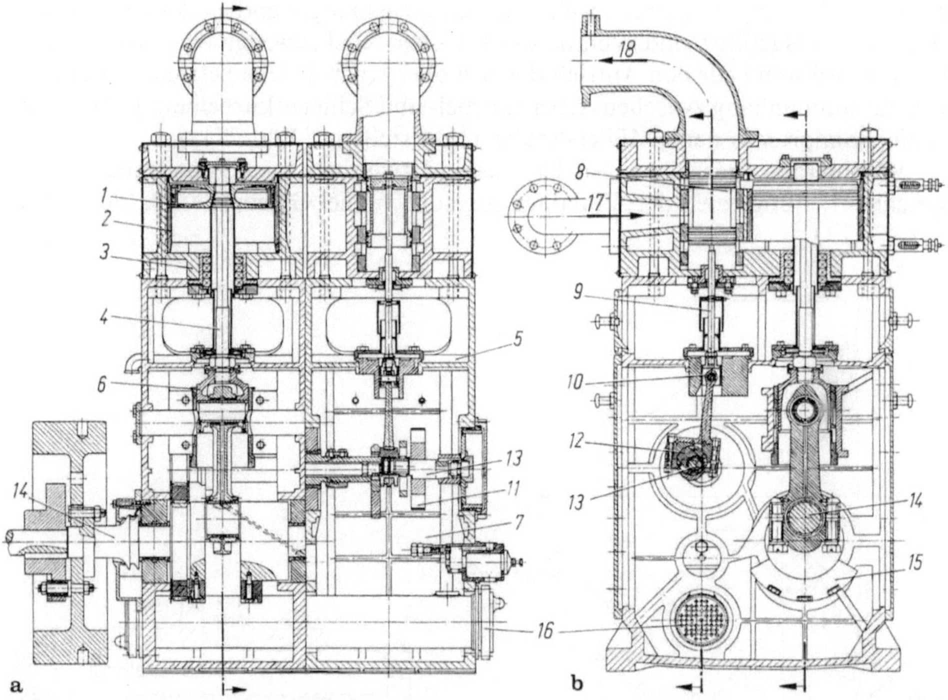

Bild 78. a Dampfmotor: Längsschnitt; **b** Dampfmotor: Querschnitt (Spilling). *1* Arbeitskolben (doppeltwirkend), *2* Zylinder-Laufbuchse, *3* Zylinderblock, *4* Kolbenstange mit Teleskop-Mantelrohr, *5* Wärmesperre, *6* Arbeits-Kreuzkopf, *7* Triebwerksblock, *8* Kolbenschieber (Innenkantensteuerung), *9* Schieberstange, *10* Schieber-Kreuzkopf, *11* Regler, *12* Exzenter, *13* Steuerwelle, *14* Arbeits-Kurbelwelle, *15* Ausgleichsmasse (mit der Kurbelwelle verschraubt), *16* Schmierölkühler, *17* Frischdampf, *18* Abdampf

Eine Schwierigkeit für den Einsatz von Kolbendampfmaschinen kann die Tatsache bilden, daß der Abdampf nicht ölfrei ist und dementsprechend u.a. der Dampferzeuger Schwierigkeiten hat.

Trotzdem verwendet man für kleine Leistungen mit Vorteil die Kolbendampfmaschine, u.a. weil Turbinen bei kleinen Dampfmassenströmen und dementsprechend großen Spaltverlusten (s. Abschnitt 2.6.8) relativ niedrige Wirkungsgrade haben. Man wendet heute vorzugsweise seriengefertigte, verhältnismäßig schnelllaufende Kolbendampfmaschinen an, die als Dampfmotoren (Bild 78a, b) bezeichnet werden. Deren Zylinder sind mit den zugehörigen Steuerorganen blockweise zusammengefaßt. Die Anschlußmaße sind einheitlich, so daß je nach Bedarf mehrere solcher Blöcke aneinander gebaut werden können, wodurch eine gute Anpassung an die im speziellen Fall anfallenden Abdampfmengen möglich ist. So kann dieser Dampfmotor für die Kraft- und Wärmewirtschaft kleinerer Betriebe eine Rolle spielen.

Im Dampfmotor sind Prinzipien der später zu besprechenden Hubkolbenverbrennungsmotoren enthalten. Beispielsweise werden die freien Massenkräfte durch relativ leichte Konstruktion und gegenläufige Kolbenbewegungen klein gehalten.

Ein Ausführungsbeispiel für eine ältere doppeltwirkende, schiebergesteuerte, langsam laufende Kolbendampfmaschine zeigt das Bild 79.

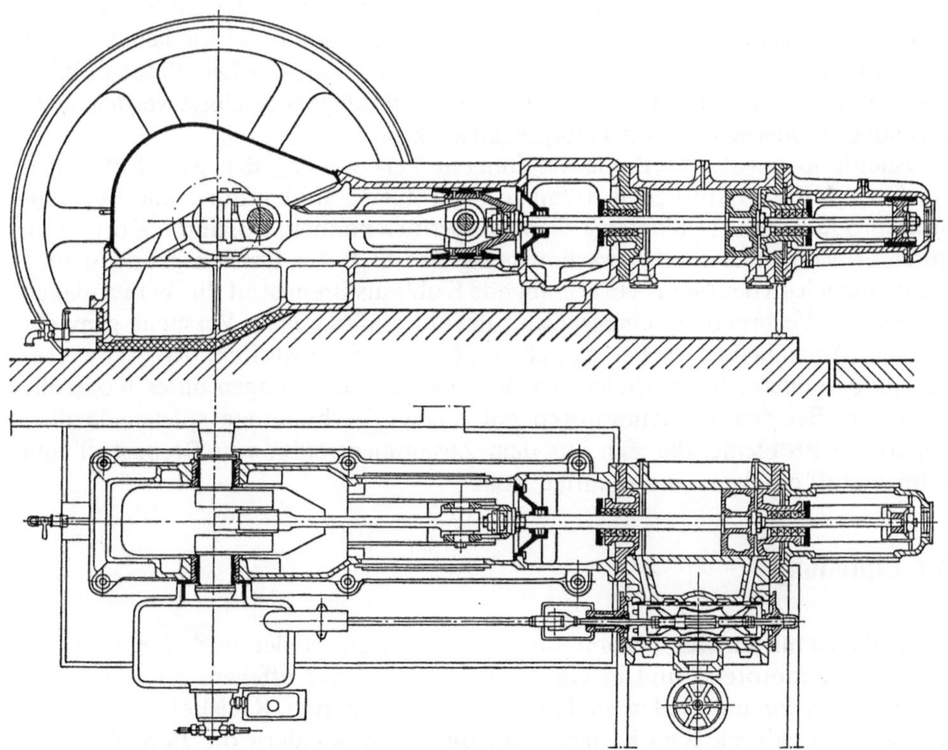

Bild 79. Liegende Kolben-Dampfmaschine (ältere Bauart)

3 Kraftanlagen mit innerer Verbrennung

Die Wärmekraftanlagen mit innerer Verbrennung sind dadurch gekennzeichnet, daß bei ihnen die Wärme auf das Arbeitsmedium nicht durch eine Wand hindurch übertragen werden muß, wie dies beispielsweise bei Dampfkraftanlagen im Kessel durch die Kesselrohrwand geschieht, sondern daß die Wärme durch Verbrennung im Arbeitsmedium selbst freigesetzt wird. Dies bedeutet, daß Sauerstoff oder Luft als ein Teil des Arbeitsmediums zugeführt werden muß, und daß die bei der Verbrennung entstandenen Gase direkt auf die beweglichen Teile wirken müssen.

Die bei den Anlagen mit äußerer Verbrennung nötige (druckbelastete) Wand zwischen Brennstoff und Arbeitsmedium, durch die die Wärme hindurchgehen muß und die daher auf die Wärmezufuhrtemperatur des Prozesses gebracht werden muß, entfällt bei den Anlagen mit innerer Verbrennung . Somit ist bei innerer Verbrennung die Wärmezufuhrtemperatur nach oben hin grundsätzlich nicht begrenzt und es lassen sich unter bestimmten Umständen vergleichsweise günstige thermische Wirkungsgrade/Umwandlungsgrade verwirklichen. Eine der jetzt zu betrachtenden Anlagen mit innerer Verbrennung, der Dieselmotor, kann auch heute noch als die thermisch günstigste Kraftanlage bezeichnet werden, auch gegenüber modernen großen Dampfkraftwerken.

Allerdings hat die Methode der inneren Verbrennung den grundsätzlichen Nachteil, daß die natürlichen Brennstoffe Probleme an den durch die Verbrennungsprodukte beaufschlagten Teilen hervorrufen können, z.B. durch Korrosion, durch Erosion, auch durch Verschmutzung. Es ist z.B. aus Erosionsgründen noch nicht möglich, in der Natur vorkommende Kohle als Brennstoff direkt in Anlagen mit innerer Verbrennung einzusetzen, obwohl umfangreiche Versuche gemacht wurden. Auch bedarf es bei manchen flüssigen Brennstoffen, z.B. schwerem Heizöl, besonderer Maßnahmen, um Korrosionserscheinungen unter Kontrolle zu halten. Bei den Kolbenmotoren mit innerer Verbrennung spielen darüber hinaus die Probleme, die sich aus dem Zusammentreffen von Brennstoff und Schmierstoff ergeben, eine wichtige Rolle.

3.1 Einteilung

Die Anlagen mit innerer Verbrennung lassen sich unterteilen in Kolbenmotoren (Verdrängermotoren) und in Gasturbinenanlagen mit offenem Kreislauf. Die ersteren sind zu unterteilen in Hubkolbenmotoren und Kreiskolbenmotoren, wobei der Ausdruck Kreiskolben nicht die Form, sondern die Bewegung des Kolbens, nämlich dessen Kreisen, andeuten soll.

3.2 Kolbenmotoren

Die zunächst zu behandelnden Hubkolbenmotoren ähneln in ihrem Aufbau der
bereits besprochenen Kolbendampfmaschine. Im Gegensatz zur Kolbendampfmaschine wird aber in einem Kolbenmotor mit innerer Verbrennung ein
vollständiger Kreisprozeß durchgeführt. In der Kolbendampfmaschine dagegen
wird nur eine einzelne Zustandsänderung, die Expansion, durchlaufen, während
die Wärmezu- und -abfuhr zum bzw. vom Arbeitsmedium außerhalb der
Kolbendampfmaschine stattfindet. Beim Kolbenmotor wird die Wärme dem
Arbeitsmedium bei der Verbrennung im Motor zugeführt. Die Wärmeabfuhr
geschieht beim Ausströmen des Arbeitsmediums in die Umgebung. Im Kolbenmotor wird also der ganze Kreisprozeß in einer einzigen, verhältnismäßig kleinen und
leichten Einrichtung durchlaufen. Somit ist die Kraftanlage mit innerer Verbrennung von ihrem Arbeitsprinzip her günstig für brennstoffangetriebene Fahrzeuge.
Es ist kennzeichnend, daß es erst dann gelang, motorisch angetriebene Luftfahrzeuge in größerem Umfang einzusetzen, als Anlagen mit innerer Verbrennung zur
Verfügung standen. Die Dampfkraftanlage gab es schon um 1770, aber erst um
1900, nach der Entwicklung von Hubkolbenmotoren, wurden motorisch angetriebene Luftfahrzeuge erfolgreich. Ähnliches gilt für Straßenfahrzeuge.

3.2.1 Kreisprozesse

Als allgemeiner Vergleichskreisprozeß für Kolbenmotoren kann der Seiliger-
Prozeß angesehen werden. Der Seiliger-Prozeß setzt sich zusammen aus isochorer,
anschließend isobarer Wärmeabfuhr, adiabatischer Expansion, isochorer Wärmezufuhr und anschließender adiabatischer Verdichtung. Er ist im p,V-
Diagramm Bild 80 dargestellt.

Bei der praktischen Ausführung unterscheidet man den Otto- und den
Dieselmotor. Für den Verbrennungs-(Wärmezufuhr-)vorgang des erstgenann-
ten ist auch der Ausdruck Gleichraumverbrennung, des letztgenannten Gleichdruckverbrennung üblich, obwohl beide Ausdrücke die wirklichen Vorgänge
nicht genau wiedergeben. Für den Vergleichsprozeß für den Otto-Motor nimmt
man an, daß Wärme nur isochor zugeführt wird. Die Isobare fällt weg (Punkt 2'

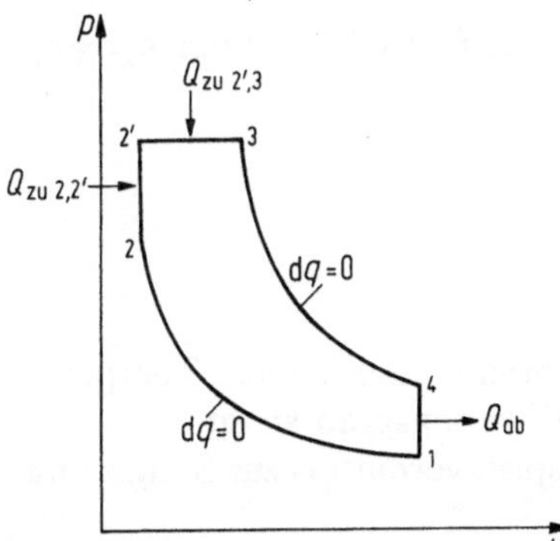

Bild 80. Seiliger Prozeß

und 3 fallen zusammen). Beim Dieselvergleichsprozeß wird angenommen, daß nur isobare Wärmezufuhr auftritt. Dann fallen Punkt 2 und 2' zusammen.

Die thermischen Wirkungsgrade/Umwandlungsgrade des Otto- bzw. Dieselvergleichsprozesses lassen sich aus dem allgemeinen Ausdruck des Seiliger-Prozeßwirkungsgrades gewinnen:

Setzt man in allen Fällen reversible Zustandsänderungen voraus, so ist der thermische Wirkungsgrad/Umwandlungsgrad des Seiliger-Prozesses

$$\eta_{\text{Seil.}} = \frac{W}{Q_{\text{zu } 2,2'} + Q_{\text{zu } 2',3}}.$$

Anstelle der Arbeit läßt sich die Differenz der zu- und abgeführten Wärmemengen einsetzen

$$\eta_{\text{Seil.}} = \frac{Q_{\text{zu } 2,2'} + Q_{\text{zu } 2',3} - Q_{\text{ab}}}{Q_{\text{zu } 2,2'} + Q_{\text{zu } 2',3}} = 1 - \frac{Q_{\text{ab}}}{Q_{\text{zu } 2,2'} + Q_{\text{zu } 2',3}}.$$

Dies läßt sich umformen in

$$\eta_{\text{Seil.}} = 1 - \frac{\varphi^{\varkappa}\psi - 1}{\varepsilon^{\varkappa - 1}[\psi - 1 + \varkappa\psi(\varphi - 1)]}.$$

Hierbei ist

$$\varepsilon = \frac{V_1}{V_2} \quad \text{das Verdichtungsverhältnis,}$$

$$\varphi = \frac{V_3}{V_{2'}} \quad \text{das Volumenverhältnis bei der isobaren Wärmezufuhr (Einspritzverhältnis),}$$

$$\psi = \frac{p_{2'}}{p_2} \quad \text{das Druckverhältnis bei der isochoren Wärmezufuhr und}$$

$$\varkappa \qquad \text{der Adiabatenexponent.}$$

Die Beziehung für den Wirkungsgrad des Seiliger-Prozesses geht bei ausschließlicher Gleichraumwärmezufuhr (Otto-Prozeß), bei der $V_3 = V_{2'} = V_2$ somit $\varphi = 1$ ist, über in

$$\eta_{\text{Otto}} = 1 - \frac{1}{\varepsilon^{\varkappa - 1}}$$

bei ausschließlicher Gleichdruckwärmezufuhr (Diesel-Prozeß), bei der $p_{2'} = p_2$ somit $\psi = 1$ ist, über in

$$\eta_{\text{Diesel}} = 1 - \frac{\varphi^{\varkappa} - 1}{\varepsilon^{\varkappa - 1}\varkappa(\varphi - 1)}.$$

Die Wirkungsgradbeziehungen zeigen, daß

a) mit wachsendem Verdichtungsverhältnis (entspricht wachsendem Temperaturniveau der Wärmezufuhr) der thermische Wirkungsgrad steigt,

b) beim Diesel-Prozeß neben a) ein sinkendes Einspritzverhältnis zur Steigerung des thermischen Wirkungsgrades führt.

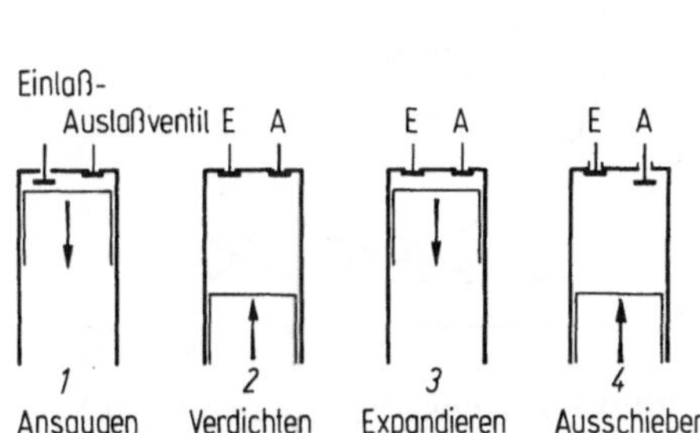

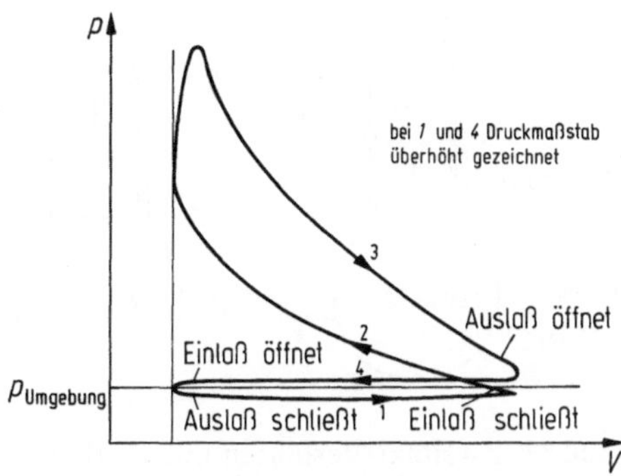

Bild 81. Viertakt-Verfahren

3.2.2 Arbeitsspiel

Ein Arbeitsspiel kann entweder vier oder zwei Kolbenbewegungen umfassen (Viertakt- bzw. Zweitaktverfahren). Bild 81 zeigt für das Viertaktverfahren die charakteristischen Kolbenbewegungen sowie die realen Zustandsänderungen im p,V-Diagramm. Es sind $4/2 = 2$ Kurbelumdrehungen für ein vollständiges Arbeitsspiel erforderlich. Beim Zweitaktverfahren werden die Ladungswechselvorgänge so zusammengedrängt, daß innerhalb einer Kurbelumdrehung ein vollständiges Arbeitsspiel ablaufen kann (Bild 82).

Für die Ladungswechselvorgänge steht insbesondere beim Zweitaktverfahren nur ein sehr kurzer Zeitraum zur Verfügung. Wenn man sich überlegt, daß derartige Motoren kleinerer Leistung mit Drehzahlen von mehr als 100 s^{-1} betrieben werden, wird klar, daß die Ladungswechselvorgänge in der Größenordnung von 10^{-3}s durchgeführt werden müssen. Da beim Zweitaktverfahren keine vollständige Kolbenbewegung für das Ansaugen stattfinden kann, ist ein Gebläse erforderlich. Durch dieses wird das Frischgas vorverdichtet, um es innerhalb einer sehr kurzen Zeitspanne in den Zylinder fördern zu können. Bei Motoren kleinerer Leistung wird hierzu die Unterseite des vorhandenen Kolbens verwendet, wobei das Kurbelgehäuse, das hier Teil des Verdichters ist, mit Bauteilen möglichst weit ausgefüllt sein muß, um den Schadraum des Verdichters klein zu halten. Die

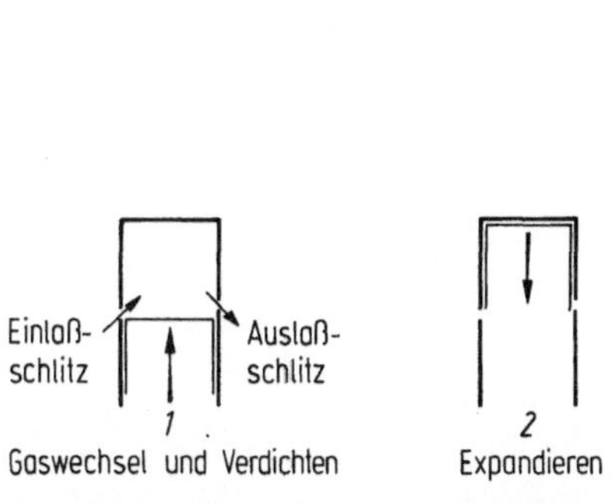

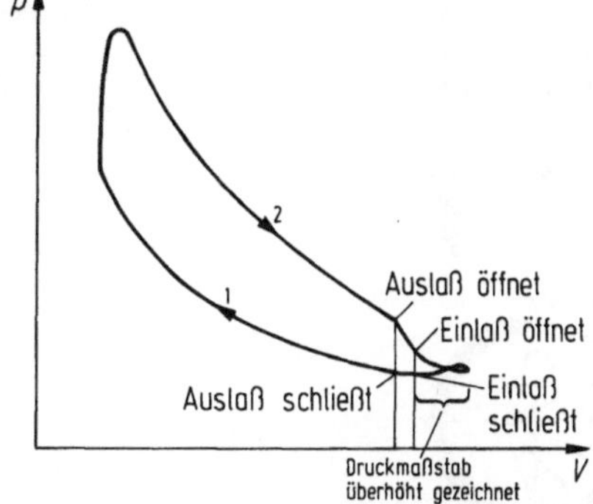

Bild 82. Zweitakt-Verfahren, schlitzgesteuert

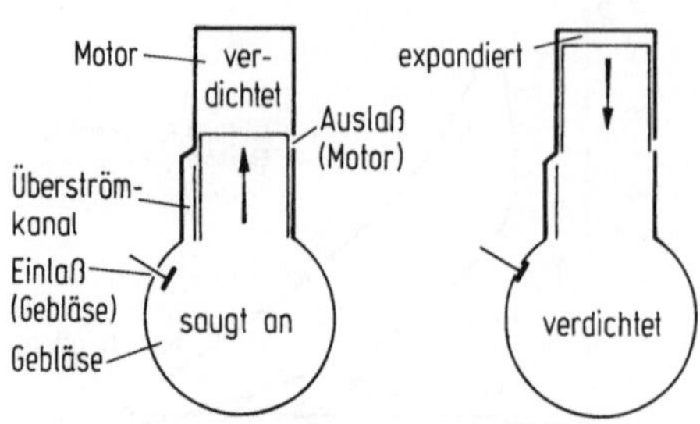

Bild 83. Zweitakt-Verfahren mit Kurbelgehäusegebläse: Funktionsschema

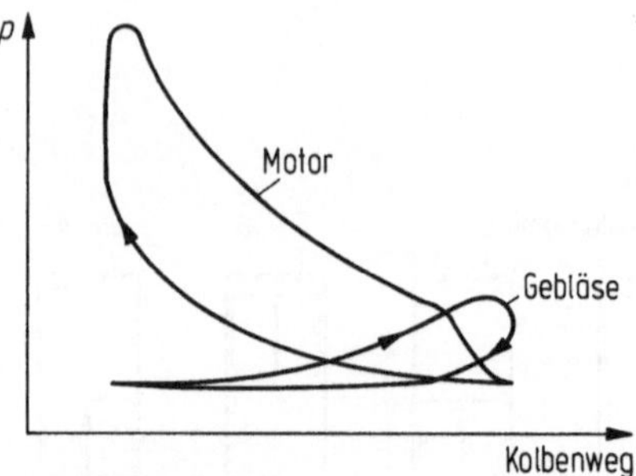

Bild 84. Zweitakt-Verfahren mit Kurbelgehäuse-Gebläse: Druck, Kolbenweg-Diagramm (p-Maßstab Gebläse gegenüber Motor etwa 20fach überhöht gezeichnet)

einzelnen Vorgänge zeigt schematisch Bild 83. Im p,V-Diagramm sind sie in Bild 84 dargestellt. Das im Kurbelgehäuse vorverdichtete Gas strömt durch Überströmkanäle in den Verbrennungsraum. Die Einlaßschlitze öffnen etwas später als die Auslaßschlitze, so daß der Druck im Zylinder schon teilweise abgebaut ist, wenn das Frischgas zur Spülung herangeführt wird. Bei der Spülung des Zylinders stellt sich das Problem, einerseits den Zylinderinnenraum möglichst frei von Resten der alten Ladung zu spülen, und auf der anderen Seite möglichst kein Frischgas in den Auspuffkanal gelangen zu lassen. Im Laufe der Zeit ist eine Vielzahl von Spülungsmethoden entwickelt worden, von denen hier als Beispiel eine Umkehrspülung gezeigt wird (Bild 85). Für große Zweitaktmotoren wird auch die Gleichstromspülung verwendet, bei der der Einlaß über Schlitze in der Nähe des unteren Totpunktes erfolgt, der Auslaß über Ventile im Zylinderkopf.

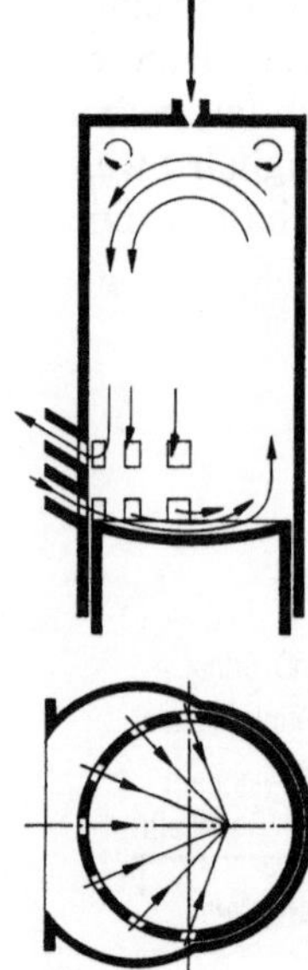

Bild 85. Schema einer Umkehrspülung

3.2.3 Arbeitsverfahren und Kinematik des Kreiskolbenmotors

Für Hubkolbenmotoren, in denen die beschriebenen Vorgänge durchgeführt werden, ist die Kinematik bekannt. Diese wird daher hier nicht besprochen. Das Arbeitsspiel des Viertaktverfahrens kann jedoch auch in Kreiskolbenmotoren durchgeführt werden. Dies soll hier wegen der grundsätzlichen Bedeutung kurz beschrieben werden, obwohl die Ausführung in der Form des nach seinem Entwickler benannten Wankel-Motors nicht die erhoffte allgemeine Bedeutung erlangen konnte.

Das Verfahren ist im Bild 86 dargestellt. Man erkennt, daß in den drei zwischen Kolben und Gehäuse gebildeten Kammern gleichzeitig sämtliche Vorgänge eines Viertaktmotors nebeneinander ablaufen. Dies hat u.a. die Vorteile, daß das Bauvolumen besser ausgenutzt wird und daß die für das Verdichten benötigte Arbeit nicht über einen Kurbeltrieb übertragen werden muß, sondern direkt über den Kolben von dem gleichzeitig in der Kammer nebenan ablaufenden Expansionsvorgang entnommen werden kann. Die Kraftübertragung nach außen geschieht über einen Excenter (Bild 87), der in einer Vertiefung des Kolbens gleitet. In einer Vertiefung auf der anderen Seite des

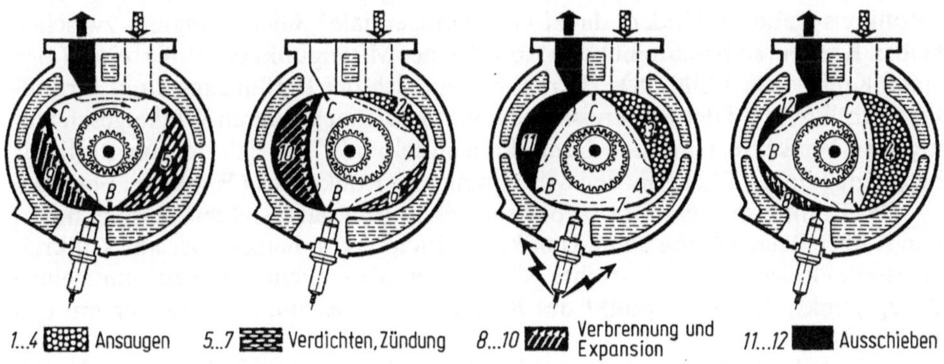

Bild 86. Vorgänge im Dreikammer-Wankel-Motor

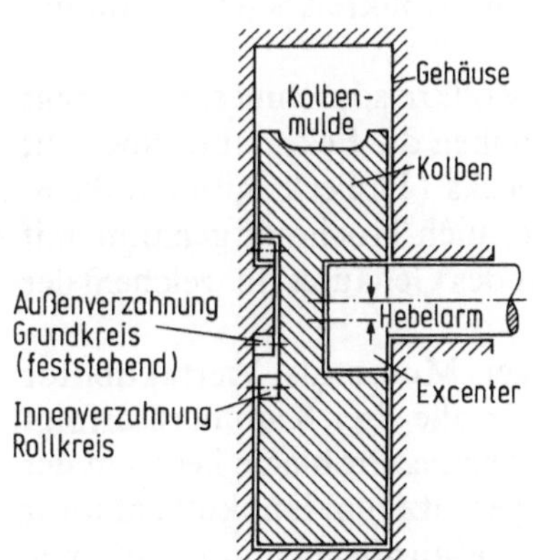

Bild 87. Kreiskolbenmotor, Schnitt (schematisiert)

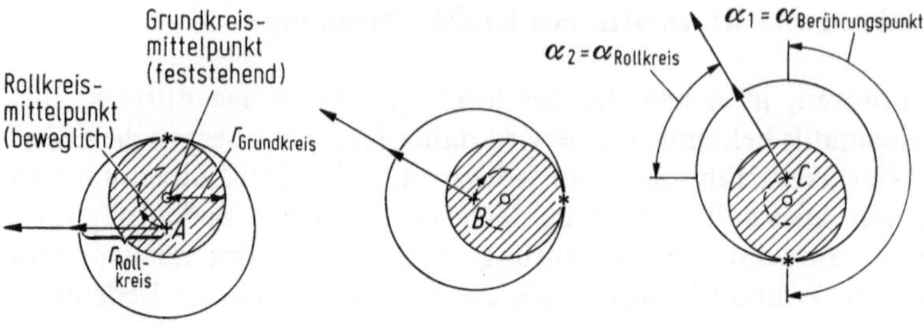

Bild 88. Kinematik des Kreiskolbenmotors: Abrollen des Rollkreises auf dem Grundkreis und höhere Winkelgeschwindigkeit des Berührungspunktes Grundkreis/Rollkreis* und des Rollkreismittelpunktes gegenüber dem Rollkreis selbst (Pfeil).

Kolbens befindet sich eine Innenverzahnung, die in eine entsprechende feststehende Außenverzahnung am Gehäuse, eingreift. Durch die Verzahnung wird ein Gleiten der beiden Teile aufeinander verhindert, ein Abrollen bleibt möglich.

Die Kinematik stellt sich folgendermaßen dar: Läßt man auf einem festgehaltenen Kreis (Grundkreis) einen zweiten von größerem Durchmesser abrollen (Rollkreis) und verhindert dabei eine (tangentiale) Gleitbewegung zwischen beiden Kreisen, so beschreibt beim Abrollen der Mittelpunkt des Rollkreises (+) einen Kreisbogen (Bild 88). Hierbei bewegt sich der Berührungspunkt Grundkreis/Rollkreis und der Rollkreismittelpunkt mit einer größeren Winkelgeschwindigkeit (Winkel α_1) um den Grundkreismittelpunkt, als sich der am Rollkreis befestigte Punkt (Pfeil) um den Mittelpunkt des Rollkreises (Winkel α_2) bewegt.

Der Rollkreismittelpunkt + bewegt sich in dem dargestellten Beispiel um α_1 von A über B nach C um den Grundkreismittelpunkt o herum. Der am Rollkreis befestigte Zeiger (Pfeil) drehte sich dabei aber nicht so weit um seinen Bezugspunkt, den Mittelpunkt des Rollkreises + herum, sondern nur um den Winkel α_2.

Welches Verhältnis der beiden Winkel entsteht, hängt vom Verhältnis Grund- zu Rollkreisdurchmesser ab. In jedem Falle dreht sich der Rollkreismittelpunkt und damit der Excenter mit einer größeren Winkelgeschwindigkeit um den Grundkreismittelpunkt als ein Punkt am Umfang des Rollkreises und damit der Kolben um seinen eigenen Mittelpunkt.

Das Verhältnis Grundkreisdurchmesser zu Rollkreisdurchmesser beträgt beim Wankel-Motor gewöhnlich 2:3. Dann beschreiben die Eckpunkte eines mit dem Rollkreis fest verbundenen gleichseitigen Dreiecks (Dreiecksmittelpunkt = Rollkreismittelpunkt) beim Abrollen eine Zykloide, auch Trochoide genannt, mit zwei Einschnürungen. Die Trochoide ist die Kontur des Gehäuses, in welchem der dreieckige Kolben umläuft (Bild 86).

Aus Bild 86 ist auch zu erkennen, daß dieser Motor als Viertaktmotor ausschließlich schlitzgesteuert ist. Die Zündung für alle drei Kammern erfolgt immer an der gleichen Stelle durch die gleiche Zündkerze. Probleme liegen in der Abdichtung zwischen Kolben und Gehäuse: Im Gegensatz zum Hubkolbenmotor handelt es sich sowohl an den Seiten- als auch an den Stirnflächen um gradlinige

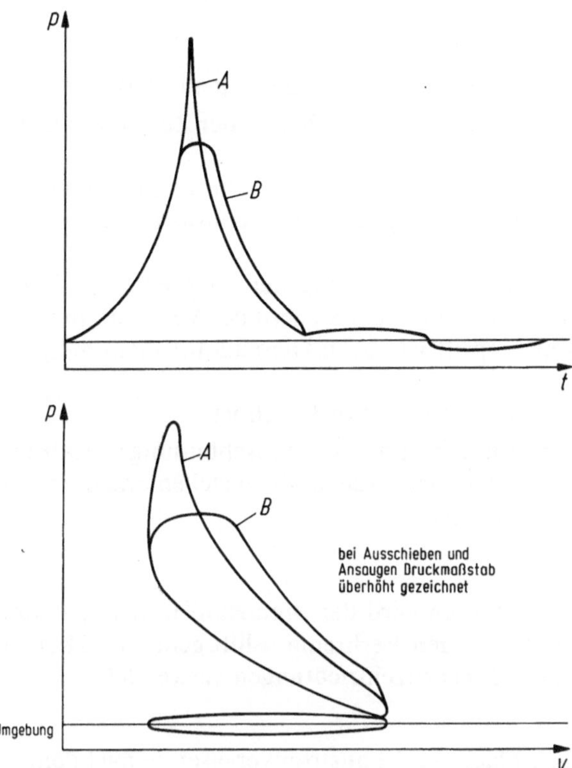

Bild 89. Herstellen von p,V-Diagrammen aus Druck-Zeit-Diagrammen (Diagramme mit unterschiedlichem Verbrennungsverlauf). A normale Verbrennung, B schleppende Verbrennung

Teile, die im allgemeinen schwieriger auf die Dauer dichtzuhalten sind als ein kreisringförmiges Teil (Kolbenring) in einem Zylinder. Das maximale Verdichtungsverhältnis ist auch infolge der bei der Verbrennungsraumform nötigen Kolbenmulde (Bild 87) niedrig, so daß nur eine Verwendung als Otto-Motor in Frage kommt. Somit ist auch der Brennstoffverbrauch relativ hoch. Außerdem treten Schmierungs- und Schadstoffemissions-Probleme auf.

Um beim Kreiskolbenmotor ein p,V-Diagramm zu gewinnen, wäre es nötig, von einer Kolbenseite während der ganzen Bewegungen den Druck abzunehmen. Da dies kaum durchzuführen ist, nimmt man zunächst den Druck in Abhängigkeit von der Zeit auf. Um ein solches Diagramm zu erhalten, müssen Druckmessungen an mehreren Stellen des Gehäuses kombiniert werden. Ein Ergebnis ist in Bild 89 gezeigt (zur Veranschaulichung sind unterschiedliche Verbrennungsverläufe dargestellt, darunter eine für den Wankel-Motor typische „schleppende" Verbrennung). Sodann rechnet man über den sich aus der Geometrie ergebenden „Hub", der sich aus der Änderung des Volumens einer Kammer ergibt, um. Man erhält dann die bekannten p,V-Diagramme des Viertaktmotors. Übrigens geht man auch bei Hubkolbenmotoren bei der Aufnahme des Druckvolumendiagramms (Indikatordiagramms) so vor, daß man die Druckänderung über der Zeit aufnimmt und gleichzeitig die Kurbelwinkel in Abhängigkeit von der Zeit feststellt, da sich die direkte Abnahme des Kolbenweges wegen Unzugänglichkeit der Bauteile meist verbietet.

3.2.4 Otto-Prinzip

Für das im Otto-Motor verwirklichte Prinzip ist kennzeichnend, daß

a) der Brennstoff mit der Verbrennungsluft bei vor Beginn der Zündung (fast) vollständig gemischt ist,

b) wegen dieser Brennstoffbeimischung das maximal mögliche Verdichtungsverhältnis begrenzt ist, um unkontrolliertes Zünden des Brennstoffes zu vermeiden,

c) sich wegen a) die Brennstoffladung vom Anfang der Verbrennung an im Zylinder befindet, somit nach der Zündung ein Steuern des Verbrennungsablaufes durch brennstoffseitigen Eingriff wie beim Dieselmotor nicht möglich ist,

d) wegen b) eine besondere Zündeinrichtung erforderlich ist.

Die vorgenannten Kennzeichen erfordern bestimmte Gemischbildungsverfahren. Weiterhin sind gewisse Anforderungen an den Brennstoff zu stellen und es ergibt sich eine typische Abgaszusammensetzung.

3.2.4.1 Gemischbildung

Für die Gemischbildung bei Otto-Motoren wird der Brennstoff in feinverteilter Form vor der Zündung mit der notwendigen Verbrennunsluft gemischt. Hierfür werden entweder sog. Vergaser oder Einspritzeinrichtungen verwendet.

Gemischbildung durch Vergaser
Man unterscheidet Steig-, Schräg-, Flach- und Fallstromvergaser, je nachdem in welcher Richtung die Luft den Vergaser durchströmt. Für die Wahl zwischen diesen können Bauhöhenfragen den Ausschlag geben; so vergrößert ein Steigstrom- oder ein Flachstromvergaser die Bauhöhe des Motors nicht, während ein Fallstromvergaser etwas oberhalb des Motors sitzt und damit die Bauhöhe erhöht. Andererseits ist es im Hinblick auf die kurze, für die Gaswechselvorgänge zur Verfügung stehende Zeit vorteilhaft, wenn die Schwerkraft den Transport von Brennstoff und Verbrennungsluft unterstützt. Im folgenden wird ein Fallstromvergaser als Beispiel gewählt.

Für die Herstellung des Brennstoff-Luft-Gemisches weist der Vergaser mehrere Systeme auf. Zunächst ist das Hauptsystem (Bild 90) zu nennen. Die von oben einströmende Luft wird im Lufttrichter auf eine höhere Geschwindigkeit und damit auf einen niedrigeren statischen Druck gebracht. Dieser niedrigere Druck bewirkt, daß aus der unter Atmosphärendruck stehenden Schwimmerkammer der Brennstoff über die Hauptdüse zum Austrittsarm strömt und dort im Luftstrom versprüht wird.

Bei konstanter Motorleistung und damit bei ungefähr konstantem Brennstoffbedarf würde sich mit steigender Motordrehzahl und damit steigender Geschwindigkeit im Lufttrichter der Druck und damit die Dichte der Luft im Lufttrichter vermindern. Um bei diesem Vorgang im ganzen Arbeitsbereich eine in etwa richtige Zuordnung zwischen dem Massenstrom der Luft und dem Massenstrom des Brennstoffes zu erreichen, ist eine Korrekturdüse vorgesehen. Mit wachsender Geschwindigkeit der Luft wächst der Staudruck auf die Luftkorrekturdüse. Dadurch wird dem dem Austrittsarm zuströmenden Brennstoff mit sinkendem

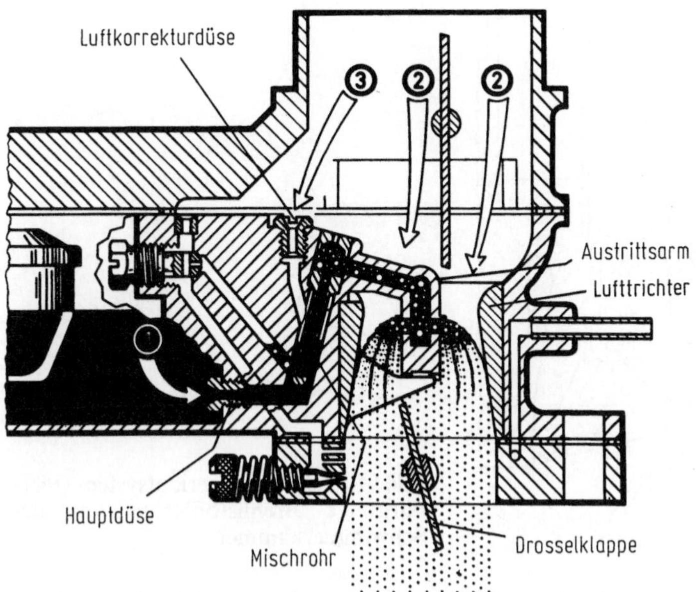

Bild 90. Vergaser: Hauptsystem (Pierburg). 1 Brennstoffstrom aus der Schwimmkammer, 2 Hauptluftstrom zum Lufttrichter, 3 Luftstrom zur Korrekturdüse

Luftdruck im Lufttrichter ein steigender Luftstrom über die Luftkorrekturdüse beigegeben, also der zum Austrittsarm gelangende Brennstoffmassenstrom verkleinert, und damit eine sog. Überfettung des Brennstoff-Luft-Gemisches weitgehend vermieden.

Hier ist bereits ein Problem des Vergasers zu erkennen, nämlich in allen Drehzahl- und Lastbereichen exakt soviel Brennstoff zuzugeben, daß die gewünschten Luftverhältniszahlen erreicht werden. Ein Vergaser, der nur aus den bisher genannten Komponenten aufgebaut wäre, wäre zwar einfach, würde aber nicht alle Funktionen optimal erfüllen.

Für eine Anpassung an unterschiedliche Betriebsbedingungen ist es zunächst notwendig, neben dem Hauptsystem ein Leerlaufsystem (Bild 91) vorzusehen, da bei fast geschlossener Drosselklappe (Leerlauf) der kleine, durch den Lufttrichter gehende Luftstrom nicht immer Brennstoff im richtigen Massenverhältnis aus dem Austrittsarm heraussaugt. Das Leerlaufsystem hat die Aufgabe, den Motor mit so wenig Brennstoff und Luft zu versorgen, daß ein gleichmäßiger Lauf bei einer Minimaldrehzahl (Leerlaufdrehzahl) aufrechterhalten bleibt.

Das Leerlaufsystem weist hinter der Drosselklappe eine Austrittsöffnung auf, durch die ein Brennstoff-Luft-Gemisch ausgespritzt wird. Dieses Gemisch wird durch die Leerlauf-Luft- und die Leerlauf-Brennstoffdüse bereitet. Der Strom dieses Gemisches kann durch die Leerlaufgemisch-Regulierschraube eingestellt werden. Außerdem tritt Luft aus dem Hauptkanal durch den kleinen Spalt an der Drosselklappe hinzu.

Duch eine oder mehrere Übergangsbohrungen, die beim Öffnen von der Drosselklappe überstrichen werden, wird für einen guten Übergang zwischen Leerlauf- und Hauptsystem gesorgt. Bei Beginn des Öffnens der Drosselklappe

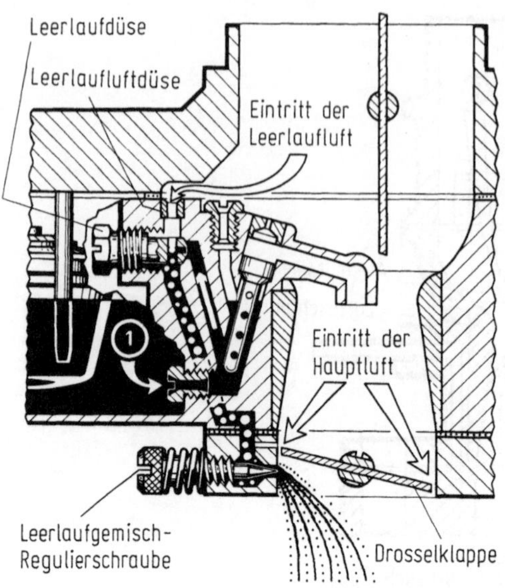

Bild 91. Vergaser: Leerlaufsystem (Pierburg). 1 Brennstoffstrom aus der Schwimmerkammer

werden diese Bohrungen von der Drosselklappe überstrichen, und das Brennstoff-Luft-Gemisch wird durch den niedrigen Druck in dem Spalt zwischen Drosselklappe und Bohrungen aus diesen herausgesaugt.

Die beschriebene Leerlaufgemisch-Herstellung ist verhältnismäßig einfach, ergibt jedoch nicht unter allen Umständen optimale Betriebswerte, insbesondere hinsichtlich der Abgaszusammensetzung. Es sind daher auch komplizierte Ausführungen im Gebrauch, ohne daß jedoch CO im Abgas vollständig vermieden werden kann.

Als weiteres System ist das Startsystem (Bild 92) zu nennen. Dieses hat die Aufgabe, bei kaltem Motor verhältnismäßig viel Brennstoff in den Luftstrom zu geben. Ohne diese starke Anreicherung käme das Gemisch zu mager, d.h. mit zu geringem Brennstoffanteil im Zylinder an, da bei der niedrigen Temperatur der Ansaugluft und -leitung der Brennstoff nicht vollständig verdampft bzw. Brennstofftröpfchen sich an den Wänden absetzen. Zur Anreicherung mit Brennstoff wird die sogenannte Starterklappe verwendet. Sie wird entweder von Hand oder in Abhängigkeit von der Temperatur des Motors automatisch, z.B. durch eine Bimetallfeder, betätigt.

Die Starterklappe sitzt auf der Lufteintrittsseite des Vergasers und sorgt in geschlossener Stellung dafür, daß beim Ansaugvorgang ein hoher Unterdruck an allen Brennstoffaustrittsstellen entsteht, auch wenn die Luftgeschwindigkeit gering ist. Der Brennstoffspiegel im Schwimmergehäuse steht dabei unter dem relativ hohen Druck vor der Starterklappe, so daß Brennstoff in großen Mengen unter anderem über den Hauptaustrittsarm abgegeben wird (siehe Bild 92). Damit werden auch große Mengen der niedrig siedenden Brennstoffanteile abgegeben, die für das Starten des kalten Motors erforderlich sind, um ein zündfähiges Gemisch im Zylinder zu bilden. Die elektrisch und/oder durch das Motorkühlwasser beheizte Bimetallfeder erwärmt sich allmählich. Dadurch wird die Starterklappe allmählich geöffnet, damit der Unterdruck vermindert und der Warmbetriebszustand hergestellt.

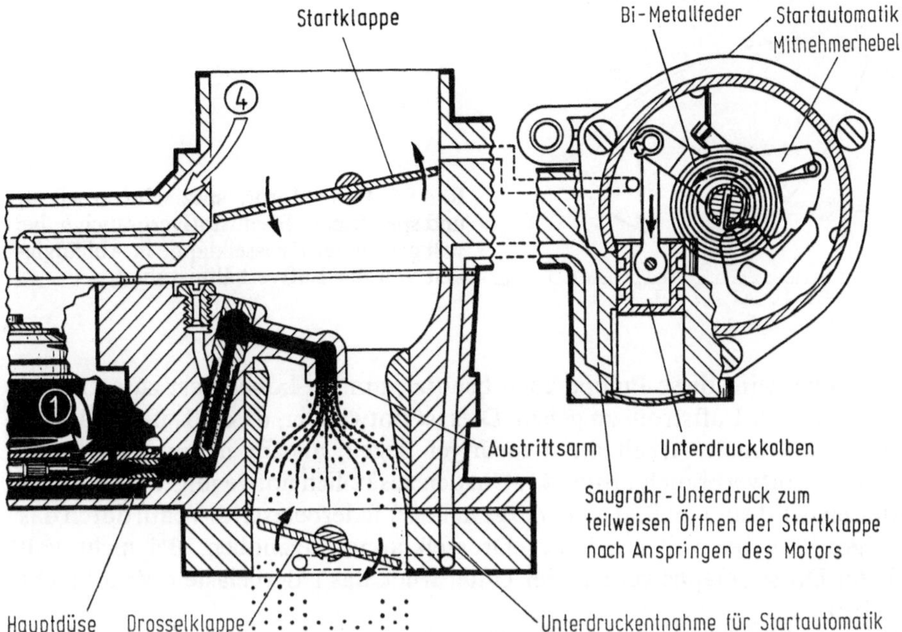

Bild 92. Vergaser: Wirkung der Starterklappe (Pierburg). 1 Brennstoffstrom aus der Schwimmerkammer, 4 Luftdruck vor Starterklappe wirkt auf Brennstoffspiegel im Schwimmergehäuse

Als nächstes ist das Beschleunigungssystem (Bild 93) zu nennen. Dieses System bewirkt, daß bei raschen Laststeigerungen sogleich zusätzlicher Brennstoff in den Luftstrom eingespritzt wird, ohne daß eine Erhöhung der Luftgeschwindigkeit abgewartet werden muß. Hierfür wird eine Membran- oder Kolbenpumpe vom Drosselklappengestänge mitbetätigt, die bei Öffnungsbewegungen einspritzt.

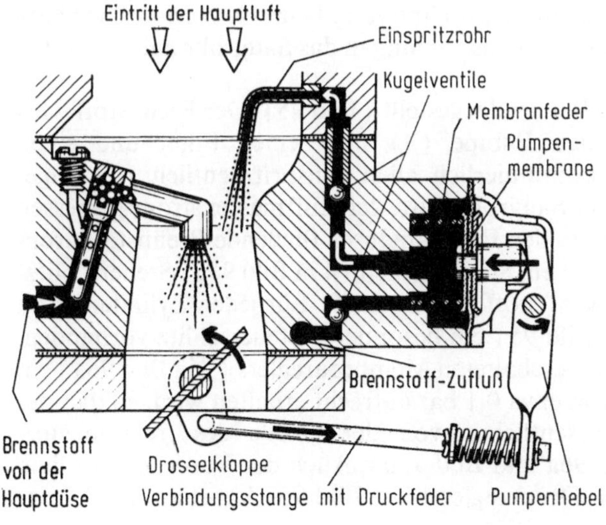

Bild 93. Vergaser: Wirkung der Beschleuniger-Pumpe (Pierburg)

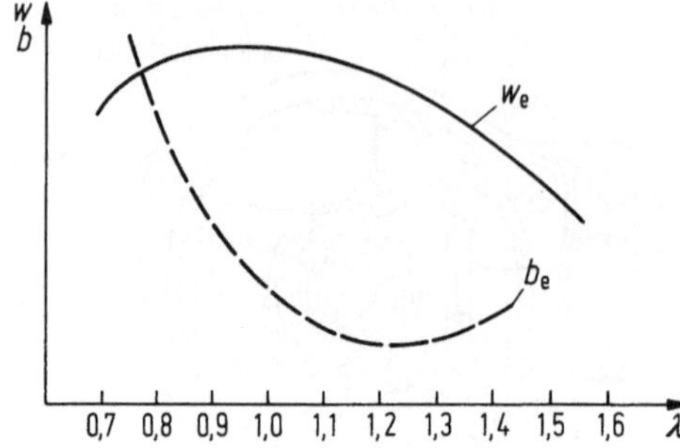

Bild 94. Otto-Motor: spez. Nutzarbeit w_e und spezifischer Brennstoffverbrauch b_e bei voll geöffneter Drosselklappe in Abhängigkeit von der Luftverhältniszahl λ

Manchmal wird diese Pumpe auch benutzt, um bei hoher Last zusätzlichen Brennstoff in den Luftstrom zu geben. Dies ist notwendig, da die Luftverhältniszahlen für maximale Arbeit meist niedriger liegen, als für minimalen spezifischen Brennstoffverbrauch (Bild 94). Um den zusätzlich notwendigen Brennstoff zuzuführen, wird ein (im Bild nicht dargestelltes) federbelastetes Ventil durch das Drosselgestänge bei voll geöffneter Drosselklappe angehoben. Bei nicht voll geöffneter Drosselklappe vermag der Unterdruck das federbelastete Ventil nicht anzuheben.

Die Vielzahl der Einzelsysteme des Vergasers zeigt, daß es nicht ohne weiteres möglich ist, in allen Betriebszuständen des Motors ein Brennstoff-Luft-Gemisch herzustellen, das exakt das gewünschte Brennstoff-Luft-Verhältnis aufweist. Zur weiteren Verbesserung wendet man die im Prinzip vorgestellten Systeme in verfeinerter Form an und setzt auch Register- oder Stufenvergaser ein, deren Stufen nacheinander je nach Betriebszustand des Motors eingeschaltet werden. Darüber hinaus werden in neuerer Zeit auch elektronisch gesteuerte Vergaser verwendet. Um die Füllung der einzelnen Zylinder möglichst groß zu halten, verwendet man in einzelnen Fällen Mehr-Vergaser-Anordnungen.

Gemischbildung durch Einspritzung
Neben dem Vergaser wird in steigendem Maße insbes. aus Abgas-Schadstoff-Gründen auch die Einspritzung zur Gemischbildung beim Otto-Motor verwendet. Im allgemeinen erfolgt die Benzineinspritzung in das Saugrohr nahe dem/den Einlaßventil (en).

Als Beispiel sei eine häufige Bauart dargestellt (Bild 95): Der Brennstoff wird von einer elektrisch betriebenen Pumpe (3) über einen Filter und einen Brennstoffmengenregler (1) kontinuierlich allen Einspritzventilen (7) zugeführt. Über eine Stauscheibe im Saugrohr wird der Luftmassenstrom gemessen und in Abhängigkeit davon der zu den Einspritzdüsen fließende Brennstoffstrom eingestellt. Zu diesem Zwecke gibt ein Steuerkolben (4 in Bild 96a) Steuerschlitzöffnungen frei, durch die der Kraftstoff hindurchtritt. Für jeden Zylinder ist im Brennstoffmengenregler (1 in Bild 95) ein besonderer Steuerschlitz vorhanden, über den mit Hilfe eines parallel geschalteten Membranreglers (7 in Bild 96a) ein festliegender Differenzdruck von etwa 0,1 bar aufrecht erhalten wird, so daß der Brennstoffmassenstrom im wesentlichen von der Größe des freigegebenen Schlitzteils abhängt (5 in Bild 96a und Bild 96b). Auch der Vordruck vor dem Steuerkolben wird durch einen Druckregler (6 in Bild 95) konstant auf 4,7 bar

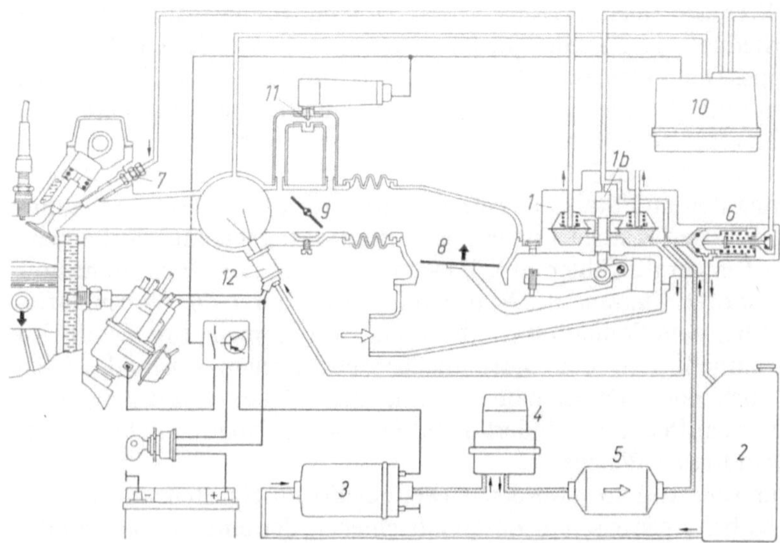

Bild 95. Mech. gesteuerte Einspritzung beim Otto-Motor (Bosch). *1* Brennstoff-Mengen-teiler (siehe Bild 96), *2* Brennstofftank, *3* elektr. Brennstoffpumpe, *4* Brennstoffspeicher, *5* Filter, *6* Systemdruckregler (4,7 bar), *7* Betriebs-Einspritzdüse, *8* Stauscheibe, *9* Drossel-klappe, *10* Warmlaufregler (senkt bei Kaltstart den Steuerkolben-Gegendruck bei *1b* ab. Bei Kaltstart werden außerdem Zusatzluftschieber *11* und Kaltstart-Magnetventil *12* ge-öffnet, Schließen dieser Organe erfolgt motortemperatur- und zeitgesteuert)

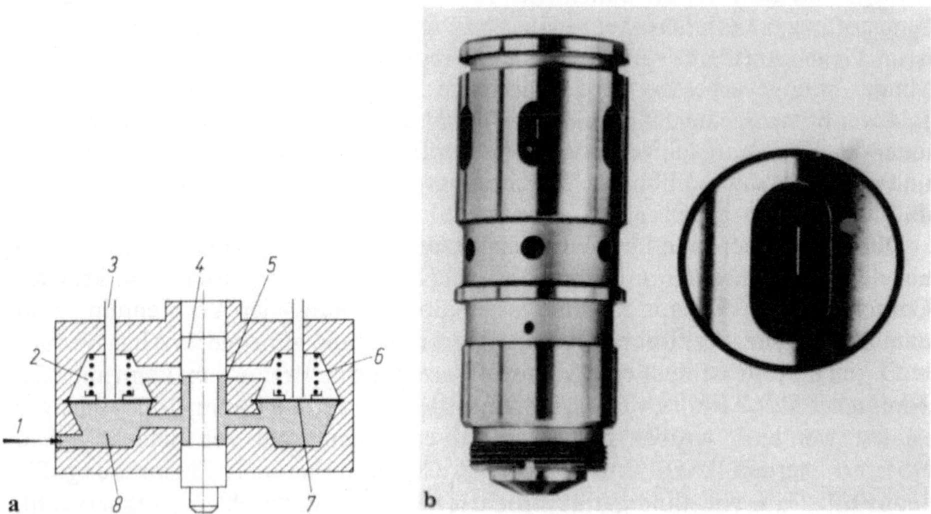

Bild 96. a Mechanisch gesteuerte Einspritzung beim Otto-Motor: Schema des Brennstoff-Mengenteilers mit Differenzdruckmembranen (Bosch).
1 Brennstoffzufuhr (4,7 bar), *2* Oberkammer des Differenzdruckventils, *3* Leitung zum Einspritzventil, *4* Steuerkolben, *5* Steuerkante, *6* Differenzdruckventil-Feder, *7* -Membran, *8* -Unterkammer; **b** Detail: Schlitzträger und Steuerschlitz

gehalten. Vom Brennstoffmengenregler strömt dann der Brennstoff mit etwa 3,3 bar allen Einspritzdüsen zu. Das Stellglied für den Luftstrom ist wie beim Vergaser die Drosselklappe. Der Luftmassenstrom wird z. B. mit Hilfe einer Stauscheibe bestimmt, wie im Bild 95 dargestellt, kann aber auch durch andere Einrichtungen, z.B. Unterdruckmesser oder Hitzdrahtsonden, gemessen werden.

Neben den beschriebenen Einrichtungen sind noch für die Betriebszustände Kaltstart, Warmlaufen und Start aus betriebswarmem Zustand Hilfseinrichtungen vorhanden. Für den Kaltstart ist ein gesondertes Magnetventil vorhanden, das, durch einen Temperaturfühler im Kühlwasser betätigt, zusätzlich Brennstoff in das Saugrohr spritzt; während des Warmlaufens wird durch den Warmlaufregler der Druck über dem Steuerkolben abgesenkt, so daß mehr Brennstoff den Einspritzdüsen zufließt. Für den Start aus betriebswarmem Zustand ist ein Druckspeicher vorhanden. Dieser hält den genannten Druck von 4,7 bar über längere Zeit hinweg aufrecht, verhindert damit Dampfblasenbildung und ermöglicht einen einwandfreien Warmstart.

Für die Lösung der Aufgaben werden teilweise elektronische Steuereinrichtungen eingesetzt, so beispielsweise ein Zusatzluftschieber, der einen Bypass an der Drosselklappe vorbei in Abhängigkeit von der Temperatur des Motors öffnet, um während des Warmlaufes einen erhöhten Luftmassenstrom zu ermöglichen. Weiterhin können Sonden eingesetzt werden, die die Abgaszusammensetzung, insbesondere den O_2-Gehalt der Abgase messen, und die damit eine exaktere Brennstoffzumessung u.a. zur größeren Wirksamkeit eines evtl. Abgas-Katalysators (siehe Abschnitt 3.2.4.3) ermöglichen. Da mit Hilfe der Elektronik leicht große Informationsmengen verarbeitet werden können, lassen sich auch weitere Größen, z.B. die Außenlufttemperatur und der Umgebungsdruck berücksichtigen.

Insgesamt gestattet die Benzineinspritzung eine recht genaue Zumessung des Brennstoffes zur Luft. Darüber hinaus benötigt sie zum Zumischen des Brennstoffes im Gegensatz zum Vergaser keine Verengung im Ansaugrohr, so daß die Zylinderfüllung verbessert wird. Durch die Einspritzung unmittelbar vor dem Einlaßventil wird eine Kühlung des Ventils und des Zylinderraumes erreicht, indem der Kraftstoff teilweise dort verdampft. Die Zylinderfüllung wird größer und es kann ein etwas höheres Verdichtungsverhältnis angewendet werden, ohne daß Klopfen (s. Abschnitt 3.2.4.3) eintritt.

Durch entsprechende Lage der Einspritzdüse kann auch erreicht werden, daß nahe der Zündkerze ein an Brennstoff reicheres und weiter entfernt ein ärmeres Gemisch vorliegt. Daraus folgen bessere Beherrschung der Verbrennung und damit günstigerer spezifischer Brennstoffverbrauch und günstigeres Abgasverhalten. Durch die unterschiedliche Brennstoffverteilung im Brennraum kann auch die Klopfgrenze des Motors bzw. seine Anforderung an den Brennstoff günstiger gestaltet werden. Darüber hinaus ist zu erwähnen, daß der Schiebebetrieb verbessert werden kann. Im Schiebebetrieb kann bei der Einspritzung die Brennstoffzufuhr vollständig unterbrochen werden (z.B. durch ein Magnetventil, das von der Energieflußrichtung gesteuert wird). Weiterhin ist zu erwähnen, daß der Motor mit Einspritzung völlig unempfindlich gegen die Gebrauchslage ist, was insbesondere bei Flugmotoren eine Rolle spielt.

Den vorgenannten Vorteilen der Einspritzung steht der Nachteil des größeren Bauaufwandes gegenüber, vielleicht auch der einer etwas größeren Empfindlichkeit, z.B. gegen Verschmutzung und vielleicht auch einem etwas höheren Wartungsaufwand gegenüber dem Vergaser. Wegen der oben genannten Vorteile, insbesondere der Brennstofferschparnis und des geringeren Schadstoffauswurfs wird die Einspritzung beim Otto-Motor in wachsendem Maße eingesetzt. Jedoch wird auch der Vergaser u.a. durch Anwendung von Elektronik verbessert, so daß z.Zt. beide Gemischbildungssysteme nebeneinander bestehen.

3.2.4.2 Zündeinrichtungen

Zur Einleitung der Verbrennung benötigt der Otto-Motor eine Zündung durch Fremdenergiezufuhr. Hierfür wird im allgemeinen die sogenannte Hochspannungsabreißzündung verwendet. Hierbei wird ein durch eine Spule fließender Gleichstrom mit möglichst kleiner Zeitkonstante unterbrochen. Die im Magnetfeld dieser Spule gespeicherte Energie induziert in einer zweiten Spulenwicklung elektrische Energie hoher Spannung, welche dann an der sogenannten Zündkerze einen Funken erzeugt. Die Zündenergie liegt in der Größenordnung einiger mJ. Die Zündenergie wird den einzelnen Zündkerzen (Zündfunkenstrecken) über einen Verteiler zugeführt. Mit wachsender Drehzahl kann das Magnetfeld der erwähnten Spule nicht in gleichem Maße wie bei niedriger Drehzahl aufgebaut werden. Der sogenannte Schließwinkel (das ist der Winkel über den der Unterbrecher hinweg geschlossen ist) bleibt zwar gleich, aber die Schließzeit sinkt. Darüber hinaus hat diese mechanische Unterbrechung den Nachteil des Verschleißes, auch den der elektrischen Kontakte. Man geht daher in wachsendem Maße auch hier zur Elektronik über; man benutzt den Unterbrecher lediglich als Steuerkontakt für einen elektronischen Leistungsschalter (Bild 97), oder ersetzt schließlich auch den Unterbrecher durch einen elektronischen Schalter, der ohne mechanischen Kontakt durch eine Induktionsspule oder einen Hall-Generator von der Welle gesteuert wird. Auch wird der Verteiler durch elektronische Schaltelemente ersetzt.

Die innen liegenden Teile der Zündkerze müssen auf einer Temperatur gehalten werden, die einerseits nicht zu hoch liegt, um Glühzündungen zu vermeiden und andererseits nicht zu niedrig, um durch „Freibrennen" ein Verschmutzen und damit Zündaussetzer zu verhindern. Beim Wankel-Motor bestehen besondere Wärmeprobleme, da die Kerze hier häufiger zünden muß (es ist für eigentlich drei Zylinder nur eine Kerze vorhanden).

Da die Brenngeschwindigkeit des Brennstoffluftgemisches endlich ist und für die Verbrennung nur sehr kurze Zeiträume zur Verfügung stehen, muß die

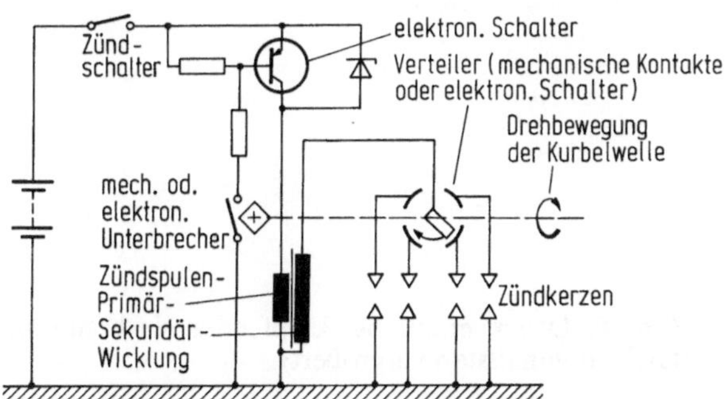

Bild 97. Hochspannungs-Unterbrecher-Zündung

Verbrennung bereits vor Erreichen des oberen Totpunktes eingeleitet werden (außer im Leerlauf). Mit zunehmender Drehzahl wird der Zündzeitpunkt immer weiter vor den oberen Totpunkt gelegt. Auch für die Abgaszusammensetzung spielt die Lage des Zündzeitpunktes eine Rolle. Um die Schwierigkeit der Probleme zu verdeutlichen, sei hier noch einmal darauf hingewiesen, daß bei einem Motor üblicher Drehzahl nur Zeiten in der Größenordnung 10^{-3}s für Zündung und vollständige Verbrennung zur Verfügung stehen.

3.2.4.3 Verbrennung, Brennstoffe und Abgasverhalten

Die Verbrennung erfolgt mit rascher Drucksteigerung. Sofern die durch den Zündfunken an der Zündkerze eingeleitete Verbrennung sich nicht einwandfrei durch den Brennraum fortpflanzt, spricht man vom Klopfen. Dieser Vorgang ist folgendermaßen zu erklären: Ausgehend vom Zündfunken der Zündkerze breitet sich eine Flammenfront mit vergleichsweise niedriger Geschwindigkeit ($Größenordnung 10^1$m/s) aus. Diese Verbrennung ruft eine Drucksteigerung hervor, die sich in Form einer Druckwelle mit höherer Geschwindigkeit als die Flammenfront ausbreitet (nämlich etwa mit Schallgeschwindigkeit). In entfernt liegenden Teilen des Verbrennungsraumes können durch die Druckwelle und durch Energiezufuhr durch Strahlung etc. Selbstzündungen und Teilverbrennungen auftreten, die ihrerseits wieder von dort ausgehende Druckwellen erzeugen. Hierdurch wird insgesamt die Verbrennung unkontrolliert. Das Ergebnis sind erstens eine raschere Drucksteigerung als normal und zweitens Druckschwankungen mit verhältnismäßig hoher Frequenz (Bild 98) wegen der Vielzahl von Verbrennungsvorgängen.

Dieses Zündungsklopfen ist nur bei niedriger Drehzahl gut hörbar. Es kann bei gegebenem Motor und gegebenem Brennstoff dann auftreten, wenn der Zylinderinnendruck hoch ist (Drosselklappe voll auf, große Füllung), ebenso bei zu früh eingestellter Zündung. Auch die Luftverhältniszahl spielt eine Rolle. Wegen unterschiedlicher Kraftstoffzumessung und unterschiedlichem Zylinderinnendruck durch unterschiedliche Länge der Ansaugwege braucht das Klopfen nicht gleichzeitig in allen Zylindern aufzutreten. Wenn solche Klopfvorgänge sich

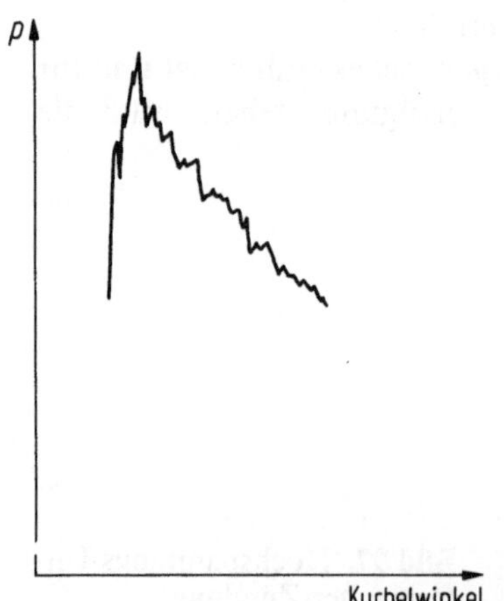

Bild 98. Druckverlauf bei klopfender Verbrennung (Ordinatenmaßstab vergrößert)

über längere Zeit hinweg wiederholen, kann es zu Schäden durch thermische bzw. mechanische Überlastung des Kolbens und der Kurbeltrieb-Teile kommen.

Neben dem Betriebszustand ist das Auftreten des Klopfens abhängig vom Brennstoff und von der Konstruktion des Motors.

Die Klopfneigung des Brennstoffes wird durch die Oktanzahl OZ gekennzeichnet. Diese Zahl wird empirisch in einem Prüfmotor bestimmter Konstruktion bei einem festliegenden Betriebszustand ermittelt. Der Motor ist so gebaut, daß verschiedene Verdichtungsverhältnisse einstellbar sind. Die Klopfstärke wird elektrisch durch Bildung des Differentialquotienten $\dfrac{dp}{dt}$ Druckänderung nach der Zeit gemessen. Durch Verändern der Luftverhältniszahl λ stellt man die maximale Klopfstärke des zu untersuchenden Brennstoffes ein, wobei das Verdichtungsverhältnis so gewählt wird, daß sich die Anzeige der Klopfstärke in der Mitte der Skala des Klopfstärkenmeßgerätes befindet. Dann stellt man zwei verschiedene Mischungen aus einem relativ klopffreudigen Brennstoff (n-Heptan, $0Z = 0$ gesetzt) und einem weniger klopffreudigen (Iso-Oktan, $0Z = 100$ gesetzt) her, deren maximale Klopfstärke etwas unter- bzw. oberhalb derjenigen des zu untersuchenden Brennstoffes liegt. Die Oktanzahl des untersuchten Brennstoffes wird durch lineare Interpolation der Klopfstärken zwischen den beiden Vergleichsmischungen ermittelt, deren Oktanzahlen nicht mehr als zwei Einheiten auseinanderliegen dürfen.

Da es durchaus klopffestere Brennstoffe als das Iso-Oktan gibt, kann die Oktanzahl auch höher als 100 sein. Beispielsweise sind hier Alkohole wie Äthylalkohol C_2H_5OH und Methylalkohol (Methanol) CH_3OH zu nennen. Es sind neben der Reaktionsfähigkeit u.a. deren verhältnismäßig hohe Verdampfungsenthalpien, die zu niedrigeren Temperaturen im Brennraum und damit zu einer geringeren Klopfneigung führen. Insbesondere Methanol wird heute (auch im Zusammenhang mit dem Einsparen von importierten flüssigen Brennstoffen) als Brennstoff diskutiert und versuchsweise verwendet. Als Nachteil des Methanols ist einmal der niedrigere Heizwert (etwa 19 500 kJ/kg, gegenüber Benzin etwa 42 500 kJ/kg) zu erwähnen, weiterhin die hohe Verdampfungsenthalpie (Vereisungsgefahr des Vergasers) und die Hygroskopizität des Methanols. Die Oktanzahl wird heute auch noch teilweise durch Zusatz von Bleitetraäthyl oder Bleitetrametyl zum Brennstoff heraufgesetzt.

Je nach Prüfbedingungen unterscheidet man die Research-Oktanzahl (ROZ) und die Motor-Oktanzahl (MOZ) (siehe im einzelnen DIN 51 756). Im allgemeinen wird die etwas höhere Zahlenwerte besitzende ROZ angegeben.

Die Oktanzahl, die ein Motor benötigt, ist konstruktionsabhängig. Sie ist niedriger für Motoren mit niedrigerem Verdichtungsverhältnis, kompakteren Brennräumen, mehreren Zündkerzen pro Zylinder. Es soll aber nochmals darauf hingewiesen werden, daß mit niedrigerem Verdichtungsverhältnis der Wirkungsgrad sinkt (s. Abschnitt 3.2.1), sodaß hier Kompromisse geschlossen werden müssen.

Im Abgas des Otto-Motors finden sich u.a. nicht vollständig oxidierter Kohlenstoff und Kohlenwasserstoffe. Dies gilt besonders im Leerlauf, wo z. B. der CO-Gehalt in der Größenordnung 10^{-2} (Volumengehalt) liegen kann. Auch beim Beschleunigen und bei Überlast treten C_nH_m-Gehalte in der Größenordnung

10^{-3} (Volumengehalt) im Abgas auf. Für den Otto-Motor mit Einspritzung sind diese Zahlen meist niedriger.

Der NO_x-Gehalt des Abgases steigt wegen der Reaktionsträgheit des Stickstoffes mit wachsender Verbrennungstemperatur. Er ist wie die Gehalte an CO und C_nH_m auch von der Luftverhältniszahl abhängig und erreicht gegenläufig zu diesen bei λ-Werten etwas über 1 sein Maximum. Im Leerlauf liegt der maximale NO_x-Gehalt ($\lambda \approx 1{,}05$) im oberen Bereich der Größenordnung 10^{-4}, bei Vollast ungefähr eine Größenordnung höher.

Um das Abgasverhalten zu verbessern, kann dem Motor eine Einrichtung nachgeschaltet werden, in der NO_x reduziert und CO und Kohlenwasserstoffe oxydiert werden. In dieser Einrichtung wirken Reaktionsbeschleuniger (Katalysatoren, z.B. Platin), die auf Trägermaterialien mit großer Oberfläche angebracht sind. Diese Katalysatoren werden durch bestimmte Stoffe (u. a. Blei) unwirksam („Vergiftung"). Daher darf für solche Motoren nur Brennstoff verwendet werden, dem keine Bleiverbindungen zur Klopffestigkeitserhöhung zugesetzt wurden. Weiterhin setzt das vollständige Ablaufen der genannten Reduktions-/Oxidationsvorgänge einen bestimmten Sauerstoffgehalt der Abgase voraus. Zu diesem Zwecke werden sog. Lambda-Sonden in der Abgasleitung vor dem Katalysator angebracht, mit deren Hilfe die Brennstoffzumessung möglichst exakt und mit kleiner Zeitkonstante gesteuert wird.

3.2.5 Diesel-Prinzip

3.2.5.1 Einbringung des Brennstoffes

Beim Dieselmotor wird das Brennstoff-Luft-Gemisch beginnend gegen Ende des Verdichtungshubes im Zylinderinneren gebildet. Der Brennstoff muß unter hohem Druck in die Zylinder eingeführt werden, um eine einwandfreie Zerstäubung zu erreichen. Der Druck wird durch Verdrängerpumpen erzeugt. Diese können Einzel- Reihen- oder Verteilerkolbenpumpen sein. Als Beispiel ist ein Zylinder einer Reihenkolbenpumpe gezeigt (Bild 99).

Der Kolben wird von einem Nocken gehoben. Sobald die Zuströmbohrungen durch den Kolben überstrichen und damit geschlossen sind, steigt der Druck, bis das Druckventil öffnet und sich eine Druckwelle durch die Einspritzleitung zur Einspritzdüse fortpflanzt. Daraufhin öffnet die Einspritzdüse und der Brennstoff wird im Zylinder zerstäubt. Wenn die schräge Steuerkante des Kolbens die Saugöffnung überstreicht und damit den Druck im Druckraum zusammenbrechen läßt, schließt das Druckventil und damit auch die Einspritzdüse. Die Lage der genannten Steuerkante kann durch Drehen des Kolbens geändert werden, so daß unterschiedliche Einspritzmengen erreichbar sind. Die Einspritzleitung müssen für alle Zylinder gleich lang sein, um gleiche Verhältnisse zu erhalten für den Druckaufbau, der u.a. von der Kompressibilität des Brennstoffes und von der Elastizität der Leitungswände abhängt bzw. um die Durchlaufzeit der Druckwelle durch die Einspritzleitungen für alle Zylinder gleich zu halten. Um gewünschte Drucksteigerungsraten bzw. Brennstoffmengen und damit auch Wärmefreisetzungsraten pro Grad Kurbelwinkel einzuhalten, gibt man den Nocken der Einspritzpumpenantriebe eine entsprechende Form.

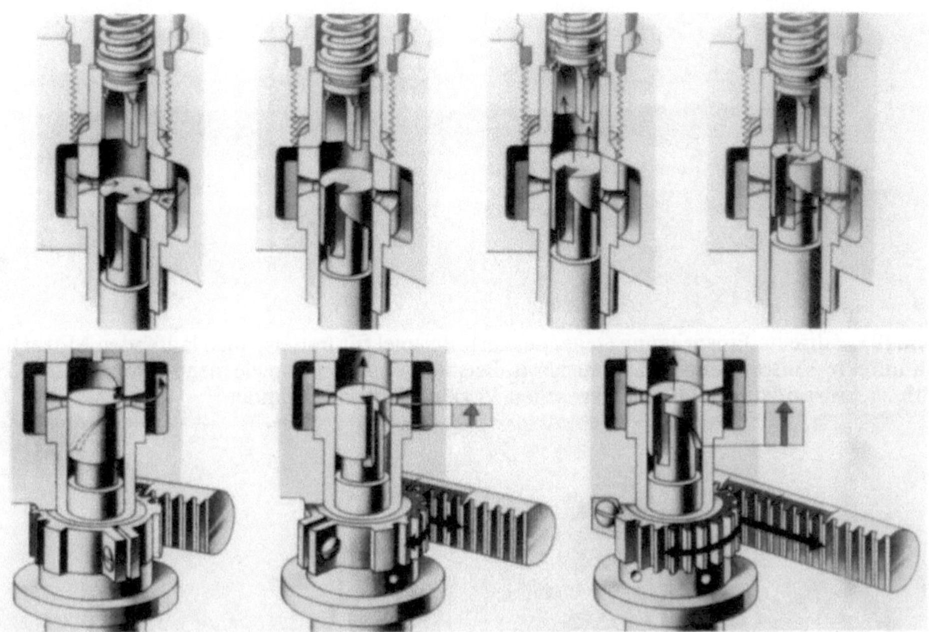

Bild 99. Diesel-Einspritzpumpen-Element. Oberes Bild: Einspritz-Ende beim Überstreichen der Einlaßbohrungen durch die schräge Kante des Kolbens gesteuert; schmale Pfeile ≙ Brennstoffströmung; unteres Bild: Mengenänderung durch Drehen des Kolbens (schräge Kolbenkante gibt die Einlaßbohrung bei unterschiedlichen Hubhöhen des Kolbens frei), breite seitliche Pfeile ≙ für die Brennstoff-Einspritzung wirksamer Kolbenhub

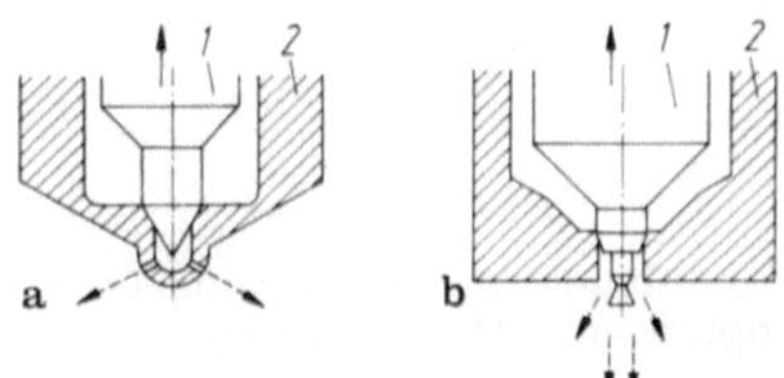

Bild 100a, b. Einspritzdüsenform (Beispiele): **a** Mehrlochdüse; **b** Zapfendüse. _1_ Düsennadel, _2_ Düsenkörper

Die eingespritzte Brennstoffmenge pro Kurbelwinkeleinheit und die Verteilung des Brennstoffes im Zylinder wird auch durch die Art der Düse, ihre Lochanordnung und die Form der Düsennadel (Bild 100) beeinflußt.

3.2.5.2 Verteilung des Brennstoffes und Abgasverhalten

Bezüglich der Verteilung des Brennstoffes im Zylinderinneren kann man unterscheiden:

a) Verteilung in der Luft,
b) Verteilung auf einer Wand.

Die Verteilung in der Luft kann unterteilt werden in direkte Einspritzung und indirekte Einspritzung. Die direkte Einspritzung ist schematisch in Bild 101a, die indirekte in Bild 101b dargestellt. Bei der indirekten Einspritzung wird der

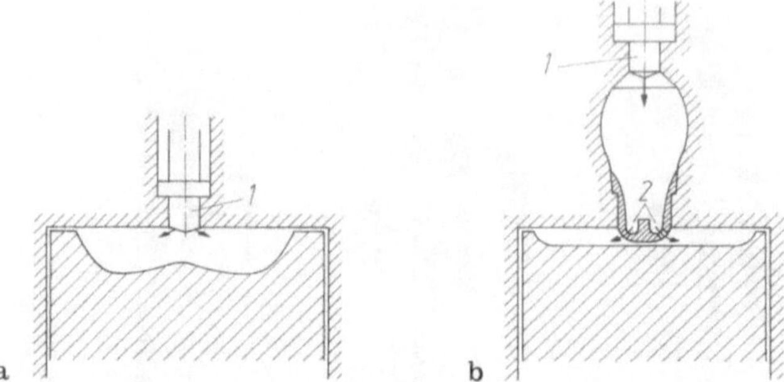

Bild 101. a direkte Einspritzung (schematisiert, Beispiel für mittelschnell laufenden Motor);
b indirekte Einspritzung (schematisiertes Beispiel, andere Beispiele siehe Bilder 102 und
103). *1* Einspritzdüse, *2* Kanäle zwischen Vorkammer und Zylinder

Bild 102. Anordnung einer Wirbelkammer im
Zylinderkopf, Schnitt-Modell (KHD)

Brennstoff nicht direkt in das Zylinderinnere gegeben, sondern einer Vorkammer
zugeführt, in der sich nur ein Teil des gesamten Luftvolumens befindet und
infolgedessen auch nur eine Teilverbrennung stattfindet. Die dabei freiwerdende
Energie wird zur Endaufbereitung des Brennstoffes benutzt. Die entstandenen
Stoffe werden durch Kanäle in den eigentlichen Zylinderraum geführt. Dort läuft
der Rest der Verbrennung ab.

Bei der Wirbelkammer (Bild 102), die einen verhältnismäßig weiten Kanal
zum Zylinder aufweist, läuft infolge des relativ großen Volumens der Kammer ein
relativ großer Teil der Verbrennung dort ab, unterstützt durch die intensive
Vermischung von Brennstoff und Luft durch die wirbelartige Bewegung in der
kugelförmigen Kammer.

Wärmeabgabe an die Vorkammerwand und Drosselverluste bei Überströmen
zwischen Vorkammer und Zylinder führen dazu, daß der Vorkammermotor meist

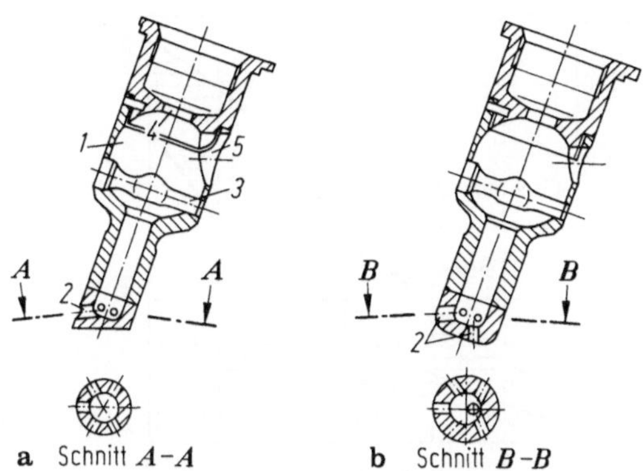

Bild 103a,b. Unterschiedliche Überströmkanäle zwischen Vorkammer und Zylinder (Daimler-Benz). *1* Vorkammer, *2* Überströmkanäle, *3* Prallstift, *4* Öffnung für Einspritzdüse, *5* Öffnung für Glühkerze

etwas größere Brennstoffverbrauchswerte aufweist als vergleichbare direkt einspritzende Motoren. Letztere können allerdings demgegenüber ein etwas ungünstigeres Schadstoffverhalten zeigen (s.u.).

Die Lage, Anzahl und Größe der Überströmkanäle zwischen Vorkammer und Zylinder kann unterschiedlich gewählt werden (Bild 103). Im allgemeinen kommt es darauf an, ein direktes Entgegenströmen von Luft und Brennstoff in der Vorkammer zu vermeiden. Man strebt eher ein Kreuzen der beiden Ströme an. Auch werden Einbauten (z.B. Stifte) in der Vorkammer angeordnet. Es können sich erhebliche Auswirkungen auf Brennstoffverbrauch, Abgastemperatur und -zusammensetzung ergeben.

Im Steinkohlen-Bergbau u. T. werden wegen des dort besonders erforderlichen niedrigen Schadstoffauswurfes Vorkammermotoren verwendet. Hier interessiert u.a. die CO-Konzentration im Abgas, die als Beispiel im Bild 104a über dem effektiven Mitteldruck (entspricht dem Nutzdrehmoment bzw. bei konstanter Drehzahl der Nutzleistung) für einen direkt und einen indirekt einspritzenden Motor derselben Firma aufgetragen ist. Sie ist beim direkt einspritzenden Motor natürlich im Überlastbereich besonders hoch, liegt aber auch im Nennlastbereich fast doppelt so hoch wie die des Vorkammermotors. Daß sie bei niedrigen Teillasten wieder ansteigt, liegt insbesondere an der dann ungünstigeren Brennstoffzerstäubung bei den kleineren Brennstoffmengen.

Auch der NO_x-Gehalt der Abgase ist beim indirekt einspritzenden Motor im allgemeinen günstiger (Bild 104b). Zwar unterscheiden sich bei niedrigeren Lasten beide nicht sehr, aber mit wachsender Leistung steigt der NO_x-Gehalt der Abgase der direkten Einspritzung stärker als der des Vorkammermotors an, weil der Direkteinspritzer höhere mittlere Verbrennungstemperaturen und damit auch eine stärkere NO_x-Bildung aufweist.

Der C_nH_m-Gehalt der Abgase liegt beim indirekten Einspritzen wegen der günstigeren Gemischaufbereitung im allgemeinen niedriger als bei dem Vorkammermotor (Bild 104c).

Im Bergbau ist noch zu beachten, daß der CO-Gehalt der Abgase mit wachsendem Grubengas-(Methan-)Gehalt der Ansaugluft steigt (Bild 105). Der NO_x-Gehalt der Abgase ändert sich dagegen kaum mit dem CH_4-Gehalt der Ansaugluft, da auf die NO_x-Bildung vornehmlich die Verbrennungstemperatur Einfluß hat.

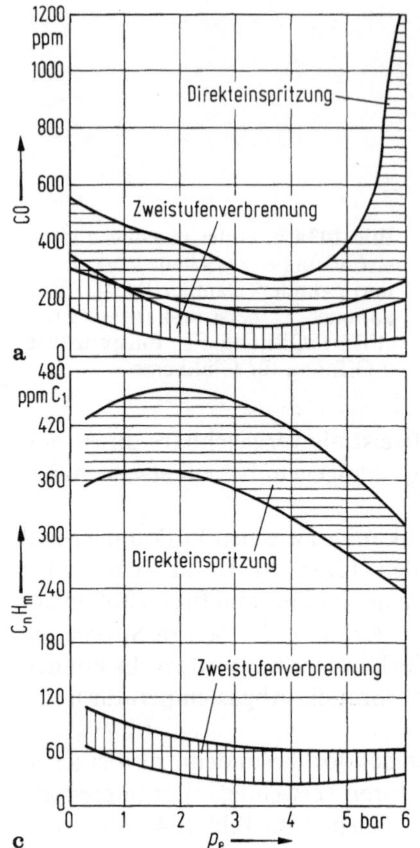
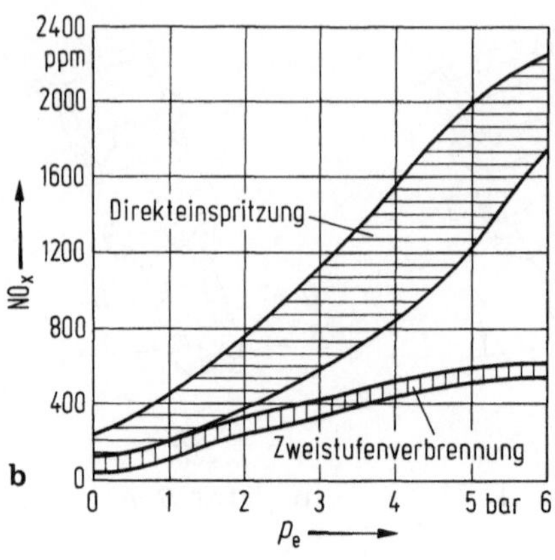

Bild 104a–c. CO-, NO_x- und Kohlenwasserstoff $(C_n H_m)$-Auswurf bei Direkteinspritzung und bei Zweistufenverbrennung (über Vorkammer) in Abhängigkeit vom effektiven Mitteldruck p_e; 1 ppm $\triangleq$ 1 cm³ Schadstoff pro m³ Abgas

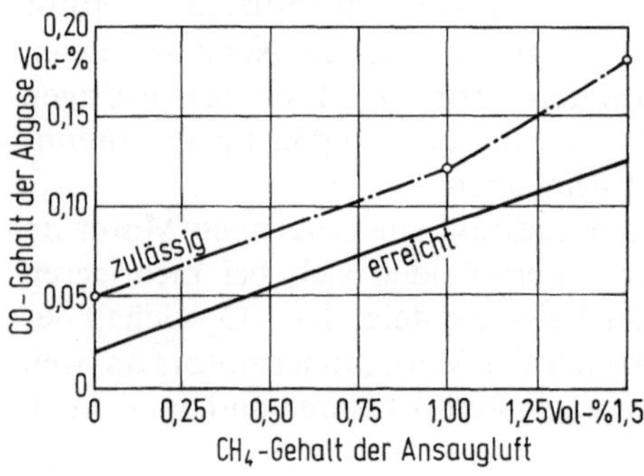

Bild 105. Änderung des CO-Auswurfes eines Bergbau-Dieselmotors bei unterschiedlichem CH_4-Gehalt der Ansaugluft (KHD) 0,1 Vol.-% $\triangleq$ 1000 ppm

Zu beachten ist bei Bergbaumotoren außerdem, daß sich der Schadstoffgehalt der Abgase, insbesondere der CO-Gehalt, durch Verschleiß des Motors ändert. Dementsprechend sind in der Bundesrepublik unterschiedliche max. CO-Werte erlaubt (500 ppm bei Zulassung, 1 200 ppm bei Stillegung). Die deutschen Werte liegen übrigens niedriger als Werte in einigen anderen Ländern (z. B. Großbritannien bei Stillegung 2 000 ppm).

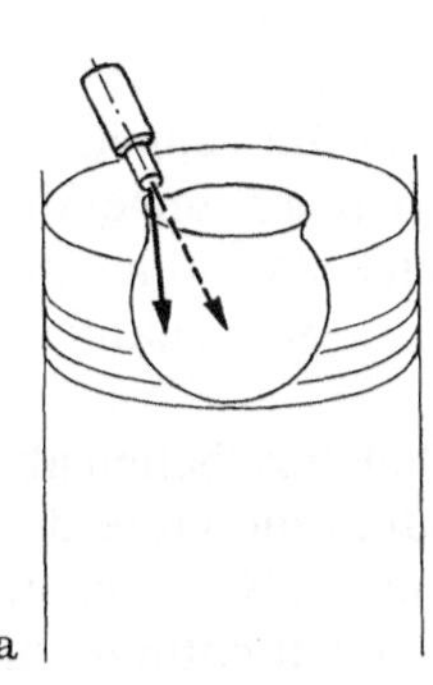

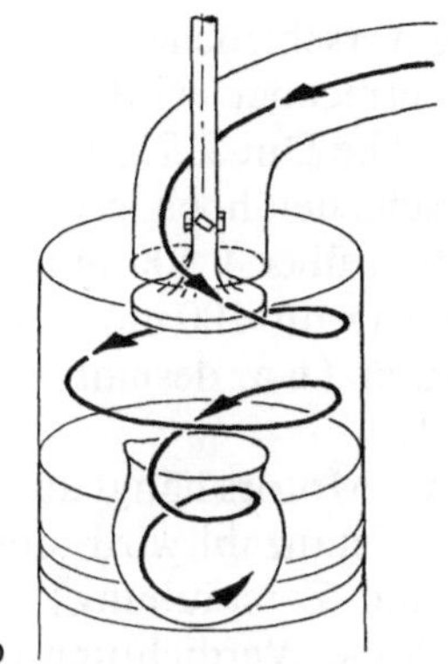

Bild 106a, b. M-Verfahren (MAN). **a** Bewegungsrichtung des Brennstoffes; **b** Bewegungsrichtung der Ansaugluft

Neben den luftverteilenden Verfahren ist auf wandverteilende Verfahren einzugehen, bei denen ein dünner Brennstoffilm an einer Wand gebildet wird (Filmstärke max. etwa 15μm). Die Ausbildung dieses dünnen Filmes — beispielsweise auf der Wand eines kugelförmigen Brennraumes im Kolben — wird durch entsprechendes Einspritzen des Brennstoffes (Bild 106a) und durch eine Tangentialbewegung der Verbrennungsluft (Bild 106b) bewirkt. Die Verbrennung beginnt hierbei relativ langsam in der Mitte des Brennraumes und die Hauptmenge des Brennstoffes dampft schichtweise von der relativ kalten Kolbenwand ab. Da der Brennstoff allmählich während der Expansion verbrannt wird, bleiben Temperatur, Druckanstieg und Höchstdruck vergleichsweise niedrig und trotzdem die Brenndauer relativ kurz. Wandverteilende Verfahren ergeben wie Vorkammerverfahren eine verhältnismäßig weiche Verbrennung mit günstigen Abgaswerten.

Ein dem vorbeschriebenen ähnliches wandverteilendes Verfahren wird bei der Verwendung mehrerer Brennstoffe in sogenannten Vielstoffmotoren angewendet. Solche Motoren sollen ja nicht nur Brennstoffe mit niedrigem Zündverzug (Dieselbrennstoffe, s. Abschnitt 3.2.5.3) verbrennen, sondern auch solche mit höherem. Hier bietet das wandverteilende Verfahren mit seiner relativ kurzen Brenndauer Vorteile. Allerdings wird im allgemeinen trotz eines hohen Verdichtungsverhältnisses eine Zündkerze verwendet, um auch Otto-Motoren-Brennstoffe mit hoher Oktanzahl einwandfrei verbrennen zu können.

3.2.5.3 Verbrennung, Brennstoffe (Dieselmotor)

Bei der Verbrennung im Dieselmotor kommt es darauf an, eine gleichmäßige und vollständige Verbrennung mit nicht zu steilem Druckanstieg zu erreichen. Da der Brennstoff in flüssiger Form während der Verbrennung eingespritzt wird, steht hier für die Aufbereitung, d. h. für das Zerstäuben und das Vermischen mit der Luft noch weniger Zeit zur Verfügung als beim Otto-Motor (gleiche Motordrehzahl vorausgesetzt). Somit muß der Brennstoff rasch und gleichmäßig zünden. Deshalb spielt beim Dieselbrennstoff der sogenannte Zündverzug eine erhebliche Rolle. Der Zündverzug eines Brennstoffes wird durch die Cetanzahl CaZ beschrieben. Das Cetan ist ein Brennstoff mit vergleichsweise kleinem Zündverzug (CaZ = 100 gesetzt), während im Vergleich dazu α-Methylnaphtalin einen hohen Zündverzug aufweist (CaZ = 0 gesetzt). Man mischt diese Brennstoffe und vergleicht den Zündverzug verschiedener Mischungen, deren CaZ aus ihrem Volumengehalt an Cetan errechnet wird, mit dem des zu untersuchenden Brennstoffes (Einzelheiten siehe Din 51773). Je nach Nenndrehzahl des Motors ist der Cetanzahlbedarf verschieden hoch; große Cetanzahlen sind für schnellaufende Maschinen (Drehzahl n über 1 500 min^{-1}) erforderlich (CaZ ungefähr 50), während Langsamläufer (n um 100 min^{-1}) mit niedrigeren Cetanzahlen bis herab zu etwa 35 auskommen (u.a. deshalb ist es schwierig, in Schnelläufern schwere Öle zu verbrennen).

Der Cetanzahlbedarf eines Motors hängt auch von seinen Baueinzelheiten ab. Die für einen Motor nötige Cetanzahl wird unter anderem durch die Güte der Brennstoffaufbereitung (feine Zerstäubung) und -verteilung (z.B. in einer Vorkammer) und durch hohe Verdichtungsendtemperatur in Richtung zu kleineren Werten beeinflußt.

Bei zu großem Zündverzug befindet sich bereits zu viel Brennstoff im Zylinder, wenn die Zündung einsetzt, so daß eine schlagartige Verbrennung mit zu großer Drucksteigerungsrate erfolgt. Die Drucksteigerungsrate sollte etwa 8 bar pro Grad Kurbelwinkel nicht überschreiten (bei zu großem Zündverzug kann sie über 10 bar pro Grad Kurbelwinkel betragen). Durch zu großen Zündverzug werden neben Geräuschen mechanische Schäden und schlechte Wirkungsgrade verursacht.

3.2.6 Ausführungsformen von Hubkolbenmotoren und besondere Probleme

Motoren kleiner und mittlerer Leistung werden in Tauchkolbenbauart ausgeführt, hier als Beispiel eine Reihen- (Bild 107a) und eine V-Anordnung (Bild 107b) der Zylinder, während große Motoren mit Kreuzkopf versehen sind (Bild 108). Im allgemeinen wird das Viertaktverfahren verwendet, das Zweitaktverfahren nur für sehr kleine Leistungen (Größenordnung 10^0kW) und bei sehr großen (10^3 bis 10^4kW), langsam laufenden Dieselmotoren (für direkten Antrieb von Schiffspropellern).

Kolben und Ventile sind die am höchsten wärmebelasteten Bauteile eines Hubkolbenmotors.

Die Wärmeabfuhr vom Kolben kann man durch Öl verbessern (Bild 109), das auf die Kolbenunterseite gespritzt oder durch Kanäle geführt wird. Die höchste Temperatur tritt am Kolbenrand auf, weil hier die Wärmeabfuhr (zur Zylinderwand) vergleichsweise ungünstig ist.

Der Tauchkolben hat zusätzlich in der Funktion des Kreuzkopfes auch seitliche Kräfte auf den Zylinder zu übertragen. Um diese Beanspruchungen aushalten zu können, ist der Kolben auf eine einwandfreie Schmierung angewiesen. Ist diese nicht ausreichend, kann es zu Kolbenringbrüchen und Freßerscheinungen kommen (Bild 110).

Wegen der verschiedenen Temperaturen und der unterschiedlichen Masseanhäufung an den verschiedenen Stellen verändert der Kolben seine Form zwischen kaltem und warmen Zustand. Um die Formänderungen in Grenzen zu halten (was z.B. für die Spiele und damit den Brennstoffverbrauch, die Betriebssicherheit (Fressen) etc. von Bedeutung ist), kann man neben der Wärmeabfuhr auch die

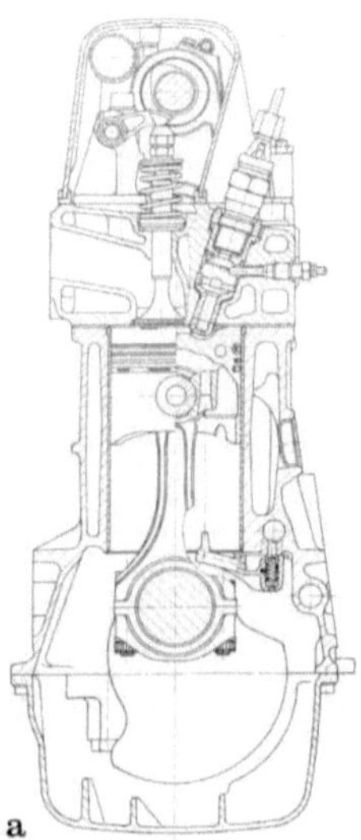

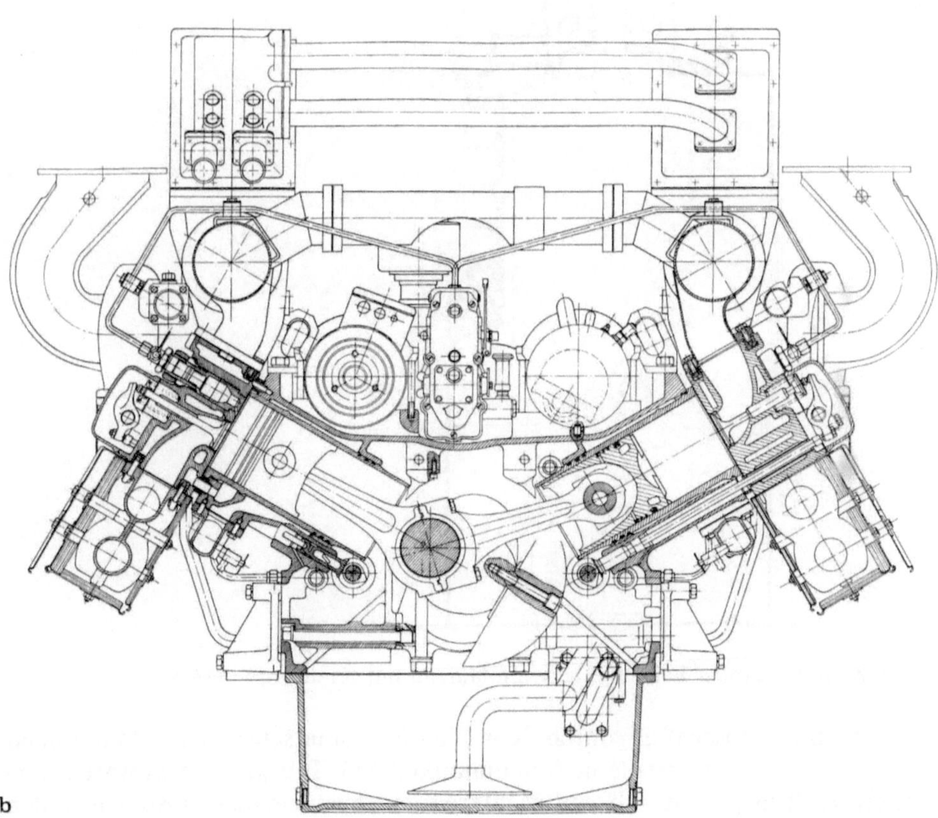

Bild 107. a Motor mit Reihenanordnung der Zylinder, schnell laufend, Tauchkolben
(Daimler-Benz); **b** Motor mit V-Anordnung der Zylinder, mittelschnell laufend, Tauchkolben (KHD)

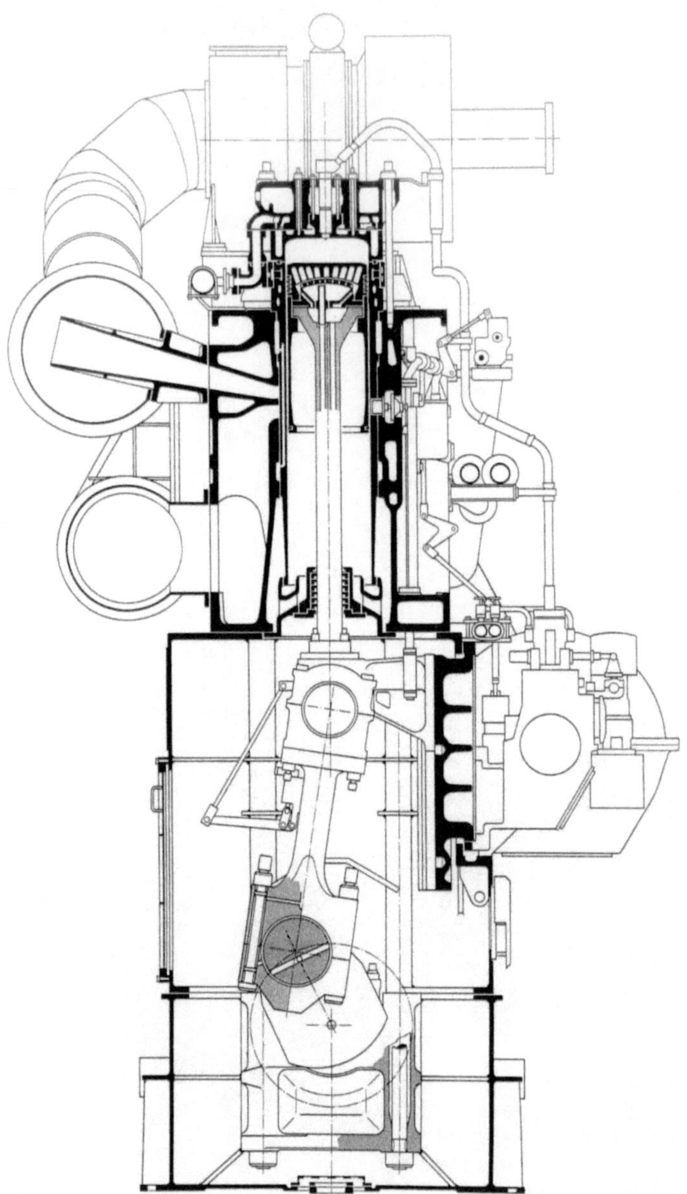

Bild 108. Motor großer Leistung, langsam laufend mit Kreuzkopf (MAN)

Verformungseigenschaften durch Kombination unterschiedlicher Materialien beeinflussen (Stahlformteile in Aluminiumkolben). Für größere Motoren werden die Kolben gebaut, d.h. aus mehreren leicht voneinander lösbaren Teilen zusammengesetzt, die dem Verschleiß entsprechend einzeln ausgewechselt werden können (z.B. der Kolbenboden).

Neben dem Kolben ist das Auslaßventil das am höchsten wärmebelastete Bauteil des Motors. Beim Ventil sind die Wärmeabfuhrverhältnisse noch ungün-

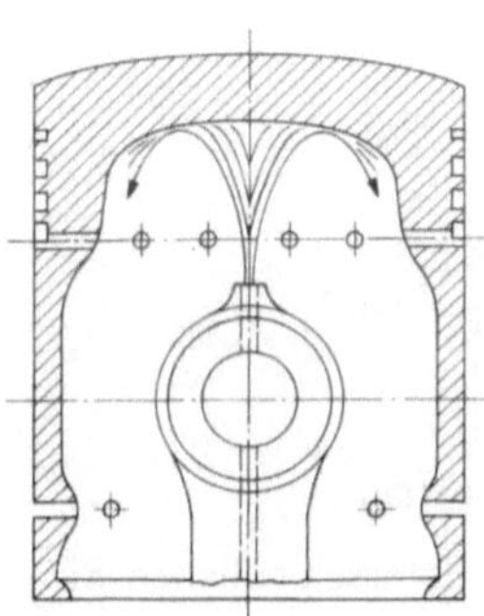

Bild 109. Kolbenkühlung durch Öl (Beispiel)

Bild 110. Kolben mit ausgeschlagener Ringnut infolge Kolbenring-Bruch und Freßerscheinungen, hervorgerufen durch Lackbildung aus Ruß, Schmieröl, Harzen und Ölkoks (Allianz Vers. AG, Techn. Vers.)

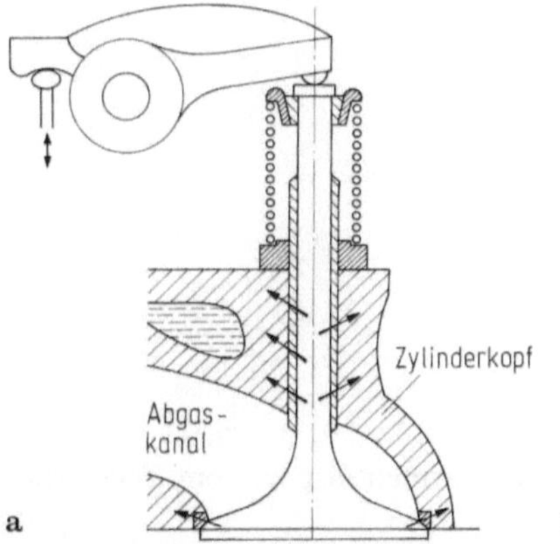

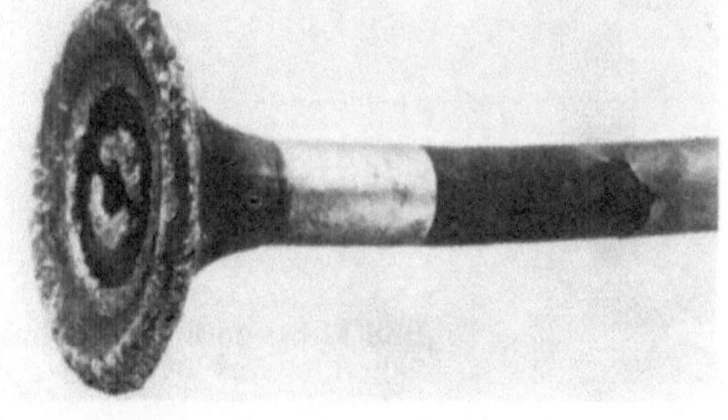

Bild 111. a Wärmeabfuhr vom Auslaßventil; **b** Schaden an einem Auslaßventil eines 3700 kW-Dieselmotors infolge mangelhafter Kühlung wegen verschmutzter Kühlflächen (Allianz Vers. AG, Techn. Vers.)

stiger als beim Kolben, da das Ventil fast vollständig von den heißen Abgasen umspült wird und eine Wärmeabfuhr im wesentlichen nur über die Führung des Ventilschaftes und z.T. über den Sitz erfolgen kann (Bild 111a). Mangelhafte Kühlung der angrenzenden Zylinderkopfteile (z.B. durch Verschmutzen der Kühlflächen) führt zu Schäden (Bild 111b).

Die auftretende Maximaltemperatur an den Rändern des Ventilkegels wird auch durch die Breite des Sitzes und damit durch den hier vorliegenden

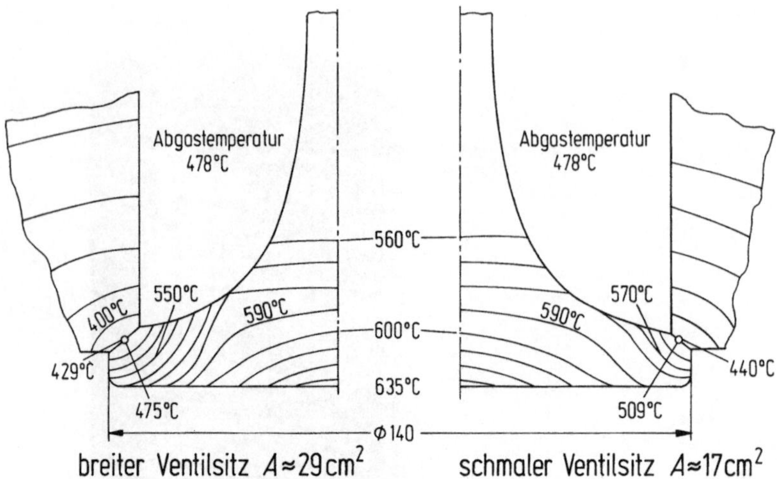

Bild 112. Temperaturen im Auslaßventil eines Dieselmotors bei unterschiedlichen Sitzbreiten (unterschiedlicher Wärmeabfuhr über den Sitz)

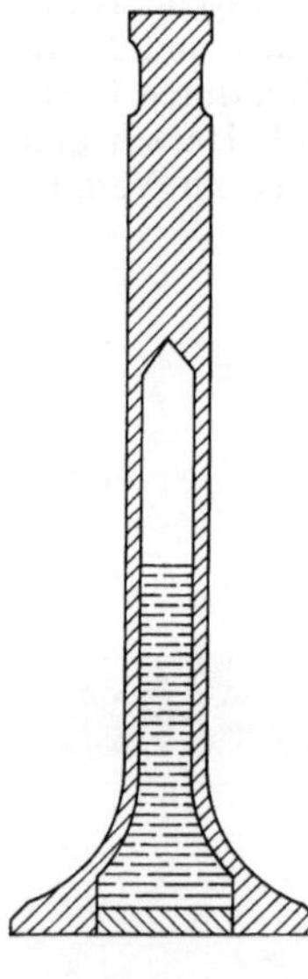

Bild 113. Ventil mit Füllung zum Wärmetransport vom Teller zum Schaft

Wärmeabflußquerschnitt bestimmt (Bild 112). Zur Verbesserung des Wärmeflusses zwischen Ventilkegel und Schaftführung greift man auf flüssiges Metall zurück (Bild 113), das beim Ventilöffnen infolge der Trägheit zum Schaftkopf hin bewegt wird und dabei Wärme transportiert.

3.2.7 Wirkungsgrade und Verluste

Die im Abschnitt 3.2.1 dargestellten Kreisprozesse dienen als Vergleichsprozesse.

Das Verhältnis der tatsächlich an den Kolben abgegebenen Arbeit bzw. Leistung P_i zur Arbeit bzw. Leistung des Vergleichsprozesses $P_{\text{Vergleichsprozeß}}$ ist der Gütegrad η_{G}:

$$\eta_{\mathrm{G}} = \frac{P_{\mathrm{i}}}{P_{\mathrm{Vergleichsprozeß}}} \,.$$

Er sagt aus, wie die Güte des wirklichen Motors ist, d.h. wie nahe der tatsächliche Prozeß dem Vergleichsprozeß kommt. Im Gütegrad sind Irreversibilitäten, wie Reibungsverluste im Gas (Drosselverluste) und Undichtigkeitsverluste enthalten, aber auch Abweichungen der tatsächlichen Vorgänge von den vorausgesetzten Zustandsänderungen des Vergleichsprozesses. Der Gütegrad beträgt für Otto-Motoren etwa 0,5 bis 0,8, bei großen Dieselmotoren maximal etwa 0,85. Bei Zahlenvergleichen zwischen verschiedenen Motoren ist zu beachten, welche Ansaug- und Abgasleitungsverluste (Filter, Schalldämpfer etc.) eingeschlossen sind.

Die an den Kolben abgegebene Leistung P_{i} wird vermindert um die mechanischen Verluste, bis sie als effektive Leistung an der Kupplung P_{e} zur Verfügung steht. Man kann daher den mechanischen Wirkungsgrad η_{mech} schreiben

$$\eta_{\mathrm{mech}} = \frac{P_{\mathrm{e}}}{P_{\mathrm{i}}} \,.$$

Die Zahlenwerte für η_{mech} liegen für kleine und sehr schnellaufende Motoren etwa bei 0,7, für große langsamlaufende betragen sie bis zu etwa 0,9. Bei Zahlenvergleichen zwischen verschiedenen Motoren ist darauf zu achten, welche Hilfsantriebe berücksichtigt worden sind.

Zur besseren Übersicht sind die verschiedenen Wirkungsgrade bei der Umsetzung des im Brennstoff zugeführten Wärmestromes in Leistung an der Welle in Bild 114 dargestellt.

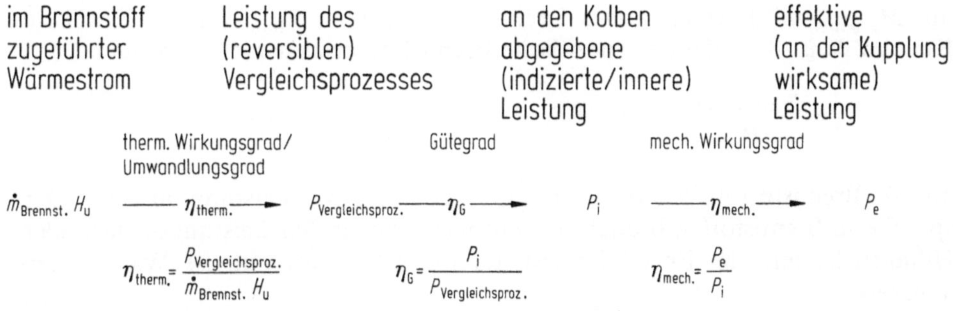

Bild 114. Zusammenstellung der Wirkungsgradbeziehungen für Kolbenmotoren

Man kann die indizierte bzw. die effektive Leistung P_i bzw. P_e aus dem mittleren indizierten Druck p_{mi} bzw. dem effektiven Mitteldruck p_e und dem Hubvolumen und der Drehzahl ermitteln (den mittleren indizierten Druck p_{mi} erhält man, indem man die Fläche des Indikatordiagramms planimetriert und ein flächengleiches Rechteck mit den Seitenlängen mittlerer indizierter Druck und Hubvolumen bildet, wie im Abschnitt 2.7.2 dargestellt):

Die indizierte Leistung P_i ist

$$P_i = \frac{p_{mi} V_{Hub} n}{K} \text{ in W}$$

mit p_{mi} mittlerer indizierter Druck in N/m^2, V_{Hub} Hubvolumen in m^3, n Drehzahl in s^{-1} und $K = 2/2$ für 2-Takt, $4/2$ für 4-Takt,

$$P_i = \frac{p_{mi} A_{Kolb.} sn}{K} \text{ in W}$$

mit $A_{Kolb.}$ wirksame Kolbenfläche in m^2, s Hub in m. Das Produkt $2\,sn$ ist die mittlere Kolbengeschwindigkeit c_m.

Die effektive (an der Kupplung wirksame) Leistung ist

$$P_e = \frac{p_e A_{Kolb.} sn}{K} \text{ in W}$$

mit p_e effektiver Mitteldruck in N/m^2. Mit dem mittleren effektiven Drehmoment $M_{e\ mittel}$ als dem Quotienten aus effektiver Leistung und Winkelgeschwindigkeit $\omega = 2\pi n$ kann der effektive Mitteldruck geschrieben werden als

$$p_e = \frac{M_{e\ mittel} K\, 2\pi}{V_{Hub}} \text{ in N/m}^2$$

mit $M_{e\ mittel}$ mittleres effektives Drehmoment in Nm, V_{Hub} in m^3. Als weitere Kenngröße ist der effektive spezifische Brennstoffverbrauch b_e zu nennen

$$b_e = \frac{\dot{m}_{Brennstoff}}{P_e} \text{ in kg/kWh}$$

mit $\dot{m}$ Brennstoffmassenstrom in kg/h, P_e effektive Leistung in kW. Der spezifische Brennstoffverbrauch schließt nicht immer den Leistungsbedarf aller Hilfantriebe mit ein. Er wird meist auf die kWh statt auf die Ws bezogen angegeben.

Aus dem effektiven spezifischen Brennstoffverbrauch kann der effektive Wirkungsgrad errechnet werden, wenn der Heizwert des Brennstoffes bekannt ist:

$$\eta_e = \frac{3600}{b_e H_u}$$

mit b_e spezifischer Brennstoffverbrauch in kg/kWh, H_u Heizwert in kJ/kg. Da der Heizwert für die meisten infragekommenden Brennstoffe etwa 41 000 ... 43 000 kJ/kg beträgt, wird häufig der spezifische Brennstoffverbrauch statt des effektiven

Wirkungsgrades als Vergleichswert für verschiedene Motoren untereinander verwendet, obwohl er nur unter der Voraussetzung des gleichen Brennstoffheizwertes als solcher exakt gelten kann.

Es werden folgende Werte von b_e im Bestpunkt erreicht:

— Diesellangsamläufer (n etwa 100 min^{-1}), hoch aufgeladen (Aufladung siehe Abschnitt 3.4): etwa 0,17 kg/kWh,

— Diesel mit etwa 600 min^{-1}, normal aufgeladen: etwa 0,20 kg/kWh,

— Otto, nicht aufgeladen: etwa 0,23...0,4 kg/kWh.

Aus dem genannten Wert für den besten Dieselmotor ergibt sich ein besserer Wirkungsgrad als derjenige sehr großer, für günstigsten Wärmeverbrauch gebauter Dampfkraftwerke und dies bei vergleichsweise kleiner Leistung (in der 10^1 MW-Größenordnung). Dies ist in der Hauptsache dadurch bedingt, daß beim Dieselmotor als einer Anlage mit innerer Verbrennung die zugeführte Wärme nicht (wie bei Dampfkraftanlagen) durch eine (druckbelastete) Wand hindurch transportiert werden muß und daß daher die Wärmezufuhrtemperatur vergleichsweise hoch gewählt werden kann. Dem steht u. a. gegenüber, daß beim Dieselmotor als einer Anlage mit innerer Verbrennung nur flüssige und gasförmige Brennstoffe verwendet werden können.

3.3 Antrieb durch Motoren, betrachtet am Beispiel Straßenfahrzeug

Angetriebene Einrichtungen benötigen in Abhängigkeit von ihrer Drehzahl (z. B. bei Fahrzeugen von ihrer Fahrgeschwindigkeit) meist eine unterschiedliche Leistung. Der Zusammenhang zwischen Leistung und Drehzahl $P=f(n)$ im stationären Betrieb kann ausgedrückt werden: P proportional n^x wobei x etwa 2 für Straßenfahrzeuge, für andere Antriebe bis zu etwa 3 betragen kann. Somit ändert sich bei kleinen Drehzahländerungen die Leistung stark, insbesondere in der Nähe der Maximaldrehzahl. Der Antriebsmotor muß also in einem großen Leistungsbereich günstige Eigenschaften, u.a. einen niedrigen spezifischen Brennstoffverbrauch aufweisen.

Weiterhin ist der Zusammenhang zwischen Drehmoment und Drehzahl sowohl des Antriebsmotors als auch der angetriebenen Einrichtung wichtig. Beispielsweise kann ein Verbrennungsmotor bei $n=0$ kein Drehmoment abgeben, da wie bei jedem Primärenergieumsetzer zunächst die Stoffkreisläufe (hier Zylinderfüllung und -entleerung) in Gang gebracht werden müssen, ehe ein Nutzdrehmoment zur Verfügung steht. Es ist daher eine schaltbare Kupplung zwischen Motor und Fahrzeugrad vorzusehen.

Die Drehzahl des Fahrzeugrades ändert sich über einen großen Bereich zwischen 0 und der maximalen Fahrgeschwindigkeit. Um den Motor stets mit möglichst günstigem Brennstoffverbrauch betreiben zu können (Bild 115), sollte sich dessen Drehzahl nur in gewissen Grenzen ändern. Es muß daher ein Getriebe mit variierbarem Untersetzungsverhältnis verwendet werden. Dies kann beispielsweise ein Getriebe mit mehreren Schaltstufen sein.

Ausgehend von der Drehmomentenkurve des Antriebsmotors bei dessen Drehzahl (Bild 115) ergibt sich bei den einzelnen Schaltstufen der im Bild 116

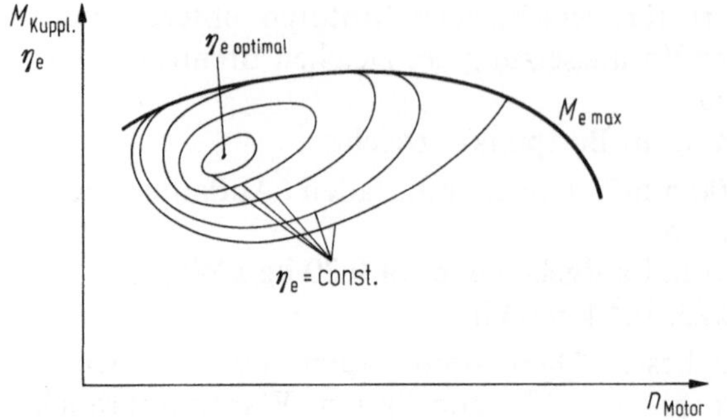

Bild 115. Hubkolben-Verbrennungs-Motor: maximal abgebbares effektives Drehmoment $M_{e\,max}$ und effektiver Wirkungsgrad η_e in Abhängigkeit von der Drehzahl

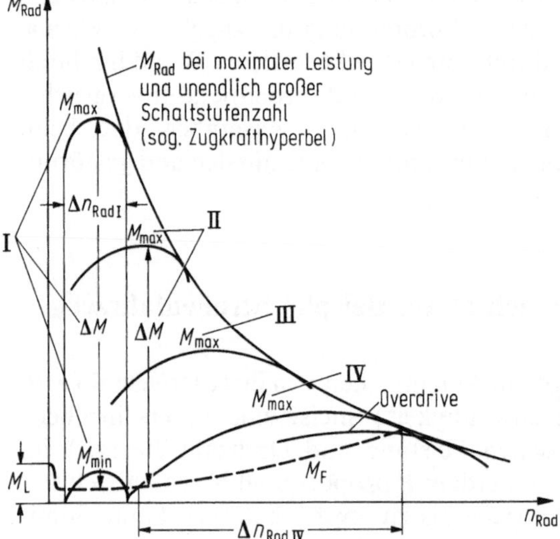

Bild 116. Zusammenhang zwischen verfügbarem Drehmoment am Fahrzeugrad M_{Rad} und Fahrzeug-Drehzahl n_{Rad} bei verschiedenen Schaltstufen I...IV des Untersetzungs-Getriebes. M_{max} größtes am Rad verfügbares Antriebsmoment, M_{min} kleinstes am Rad verfügbares Antriebsmoment, ΔM größtes zur Beschleunigung in der jeweiligen Schaltstufe zur Verfügung stehendes Moment, M_F Fahrzeug-Gegenmoment, M_L Fahrzeug-Losbrechmoment, Δn_{Rad} Raddrehzahlbereich in der jeweiligen Schaltstufe

dargestellte Zusammenhang zwischen verfügbarem Drehmoment M und Drehzahl n_{Rad} am Fahrzeugrad. Der Fahrzeugraddrehzahlbereich, in welchem der Motor betrieben werden kann, ist entsprechend den verschiedenen Getriebeuntersetzungen bei kleinen Fahrzeugraddrehzahlen kleiner als bei großen Fahrzeugraddrehzahlen (vgl. $\Delta n_{Rad\,I}$ mit $\Delta n_{Rad\,IV}$). Das maximale Drehmoment am Fahrzeugrad steigt mit wachsender Untersetzung. Für die Beschleunigung bei den größeren Untersetzungen I und II steht ein erheblicher Momentenüberschuß (vgl. ΔM) zur Beschleunigung der Fahrzeugmasse zur Verfügung (die gestrichelte Linie stellt das Gegenmoment des Fahrzeuges im stationären Betrieb, also bei konstanter Raddrehzahl dar). Dieser Momentenüberschuß reicht auch vollkommen aus, das Losbrechmoment des Fahrzeuges M_L, das bei allen Antrieben auftritt und aus der Reibung der Ruhe resultiert, zu überwinden. In der ersten Schaltstufe ist sogar der für die Beschleunigung zur Verfügung stehende Drehmomentenüberschuß so groß, daß hier mit stark abgesenkter Leistung beschleunigt werden muß, um unzulässige Beanspruchungen des Triebwerkes zu vermeiden.

Aus dem Bild 116 ist auch die Wirkung des sog. Overdrive zu erkennen. Man könnte im höchsten Fahrgeschwindigkeitsbereich mit der Schaltstufe IV fahren, befindet sich aber dort schon im Bereich recht ungünstigen spez. Brennstoffverbrauches. Es ist für den Brennstoffverbrauch und für den Verschleiß günstiger, den Overdrive zu benutzen und damit den Motor in der Nähe seines Bestpunktes zu betreiben. Allerdings ist im Overdrive die Beschleunigungsmöglichkeit wegen des kleinen Drehmomentenüberschusses gering.

3.4 Aufladung von Hubkolbenmotoren

Unter Aufladen versteht man in diesem Zusammenhang die Einführung des Arbeitsgases in den Zylinder unter höherem Druck als dem Umgebungsdruck. Durch die Aufladung wird die Masse der Zylinderladung vergrößert und damit die Leistung bei gleichbleibendem Umgebungsluftzustand und gleichbleibender Drehzahl erhöht. Weiterhin kann der spez. Brennstoffverbrauch vermindert werden (s.u.). Sofern die Umgebungsbedingungen schwanken, wie z.B. bei Flugmotoren, dient die Aufladung auch zur Leistungserhaltung. Diesen Vorteilen stehen der höhere Bauaufwand und das u.U. schlechtere Beschleunigungsverhalten als Nachteil gegenüber.

Der höhere Druck des Arbeitsgases kann dadurch erzeugt werden, daß

a) ein Ladegebläse von der Kurbelwelle des Motors angetrieben wird, Bild 117,
b) ein Gebläse durch eine mit dem Abgas des Motors beaufschlagte Turbine angetrieben wird (Abgasturbolader), Bild 118.

Auch werden die Druckwellen im Abgas mit Hilfe eines Zellenrades direkt zur Verdichtung der Frischluft verwendet, so daß kein gesonderter Verdichter benötigt wird (Comprex-Verfahren).

Das von der Kurbelwelle angetriebene Ladegebläse wird insbesondere bei Renn- und Flugmotoren verwendet, um die Hubraumleistung zu erhöhen. Die von der Kurbelwelle abgenommene mechanische Leistung kommt nur teilweise dem Motor wieder zugute, da im Getriebe und Gebläse Exergieverluste auftreten. Häufiger wird der Abgasturbolader verwendet. Die Ausnutzung der im Motor-Abgas noch enthaltenen Exergie erhöht nicht nur die Leistung des Motors,

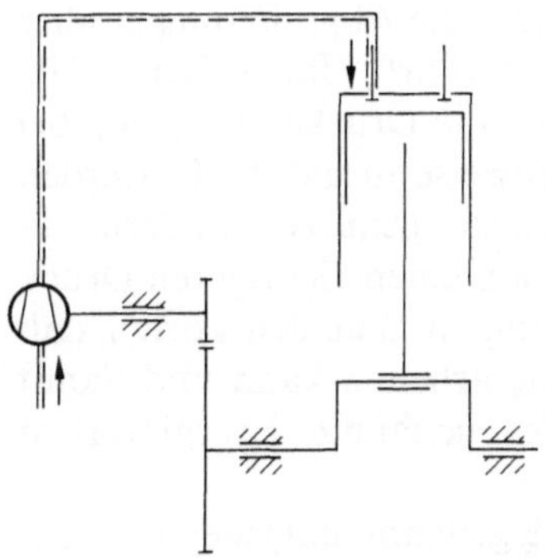

Bild 117. Aufladung: Ladegebläse mechanisch von der Kurbelwelle angetrieben

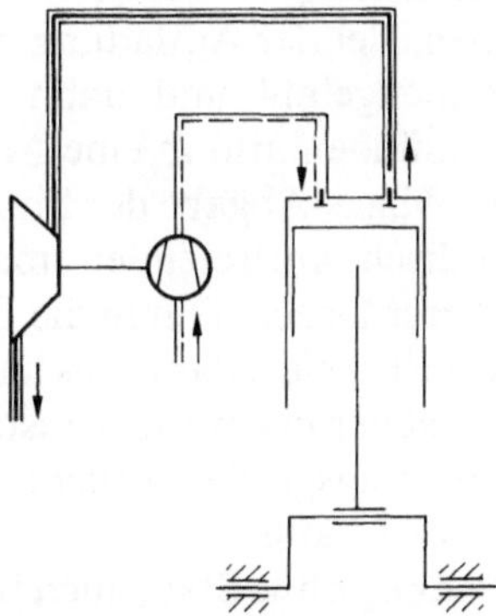

Bild 118. Aufladung: Ladegebläse durch Abgasturbine angetrieben (Turbo-Aufladung)

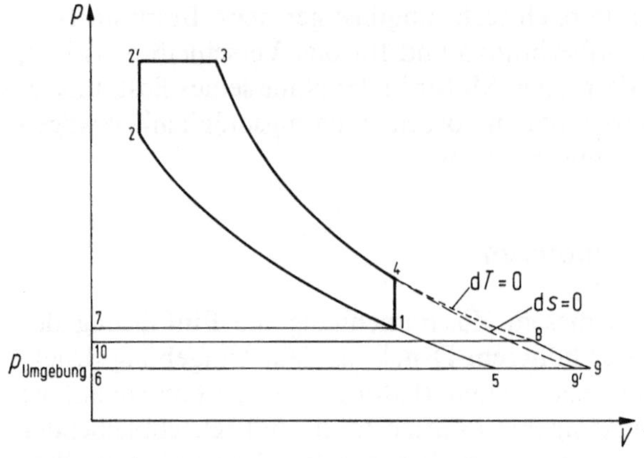

Bild 119. Arbeitsgewinn durch Turbo-Aufladung

sondern es tritt auch ein Arbeitsgewinn (Bild 119) und damit eine Minderung des spezifischen Brennstoffverbrauches ein. Durch die Aufladung wird der Anfangsdruck des Kolbenmotorprozesses von der Linie $p=p_6$ auf $p=p_7$ gehoben. Im theoretischen Grenzfall (reversibler Vorgang, Entropieänderung $ds=0$) ist hierfür im Gebläse eine technische Arbeit entsprechend Fläche 1, 5, 6, 7 erforderlich, welche die Turbine aus den Abgasen entnehmen muß, die hinter dem Motorzylinder mit dem Zustand entsprechend Punkt 4 vorliegen. Somit könnte die Turbine des Abgasturboladers die im Motor nicht mehr nutzbare Energie durch die (im Grenzfall isentrope) Expansion zwischen den Punkten 4 und 9' in mechanische Arbeit umsetzen. Diese Arbeit würde über das Gebläse dem Motor in der vorverdichteten Luft wieder zugeführt (im theoretischen Grenzfall). In praxi kann die Turbine nicht den Druck gemäß Punkt 4 ausnutzen, da Exergieverluste bei der Stauaufladung (s.u.) und Drosselverluste auftreten, sondern einen geringeren Druck entsprechend Punkt 8. Punkt 8 liegt wegen des Drosselvorganges nicht auf der Isentrope, die durch Punkt 4 geht, sondern auf der durch diesen Punkt gehenden Isothermen. Die von der Turbine abgegebene mechanische Arbeit ist im stationären Betrieb gleich der vom Gebläse aufgenommenen und es wird keine mechanische Energie nach außen abgegeben.

Die Nutzbarmachung der Abgasenergie kann entweder mit oder ohne Stau der Abgase geschehen. Bei der Aufladung mit Stau werden die Abgasleitungen aller Zylinder zusammengefaßt und dann zur Turbine geführt (Bild 120a). Alle Abgasleitungen münden also in eine Art Behälter, der die Druckänderungen bei der periodischen Abgas-Abgabe der Einzelzylinder teilweise ausgleicht. Es werden nicht die periodisch auftretenden maximalen Drücke genutzt, sondern ein niedrigerer mittlerer Druck. Durch die Entspannung auf einen niedrigeren Druck tritt ein Exergieverlust ein. Allerdings hat die Aufladung mit Stau den Vorteil, daß die Turbine mit näherungsweise konstantem Gefälle arbeiten kann und damit relativ gute Wirkungsgrade erreicht, wodurch der genannte Exergieverlust kompensiert werden kann.

Bei der Aufladung ohne Stau, auch Stoßaufladung genannt, hat jeder Zylinder oder eine kleine Gruppe von Zylindern eine besondere Leitung zur Turbine (Bild 120b). Die Turbine wird somit teilbeaufschlagt ausgeführt. Am Beginn eines Ausschiebevorganges arbeitet die Turbine mit vergleichsweise großem Gefälle.

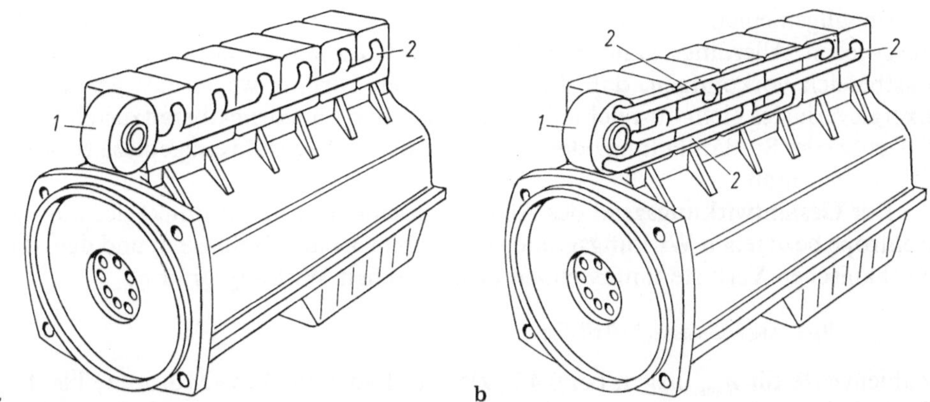

Bild 120. **a** Stauaufladung (schematisch); **b** Stoßaufladung (schematisch) *1* Turbine des Laders; *2* Abgasrohre von den Zylindern

Die Stoßaufladung ergibt ein etwas besseres Durchspülen des betreffenden Zylinders, da die Drehzahl des Turboladers und damit die Förderarbeit des Gebläses am Beginn des Ausschiebevorganges ansteigt. Allerdings ist bei der Stoßaufladung der Druck in den einzelnen Leitungen vor der Turbine variabel und dementsprechend ihr mittlerer Wirkungsgrad weniger günstig als bei der Aufladung mit Stau. Auch hat die Stoßaufladung einen höheren Bauaufwand.

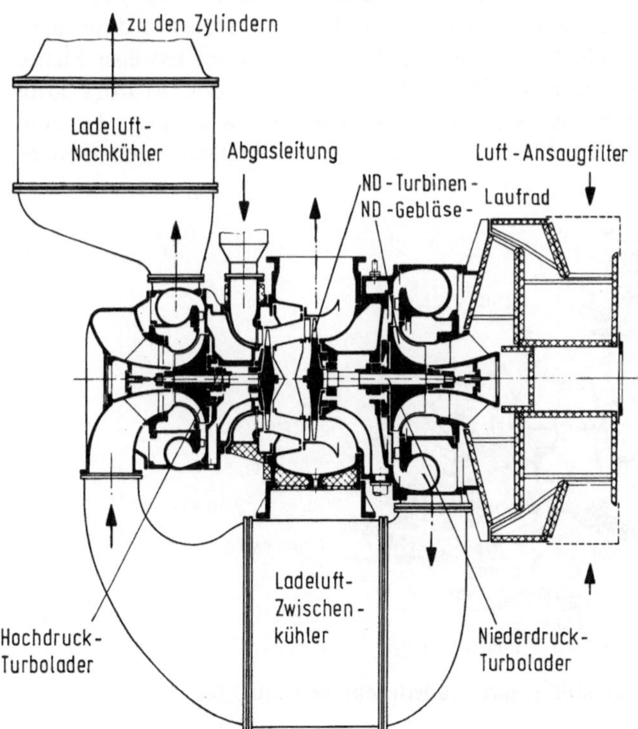

Bild 121. Abgas-Turbolader, 2-stufig (MAN)

Im allgemeinen wird die Stauaufladung bevorzugt, da die o.a. Vorteile überwiegen. Allerdings kann es insbesondere bei Zweitaktmotoren im unteren Lastbereich vorkommen, daß die Leistung der Turbine wegen des genannten Exergieverlustes nicht ausreicht, den erforderlichen Ladedruck bereitzustellen, so daß entweder Stoßaufladung oder ein fremd angetriebenes Zusatzgebläse verwendet werden muß.

Der Gesamtwirkungsgrad des Abgasturboladers ist das Produkt der auf die Isentrope bezogenen Wirkungsgrade von Turbine η_T und Gebläse η_v und dem die mechanischen Verluste umfassenden mechanischen Wirkungsgrad η_m

$$\eta_{\text{ges. Abgasturbolader}} = \eta_T \eta_v \eta_m.$$

Zahlenwerte für η_{ges} liegen bei 0,45 (kleinste Lader für Pkw-Motoren) bis 0,7. Turbolader großer Leistung werden mit Radialgebläsen (Räder mit Vorsatzläufer, Druckverhältnis in einer Stufe bis zu etwa 4) und Axialturbinen (großer Volumenstrom bei relativ kleinem Druckverhältnis) ausgeführt. Für hohe Ladedrücke kommt die zweistufige Aufladung mit Zwischenkühlung in Frage (Bild 121). Der Wärmefluß von der Turbinen- auf die Verdichterseite wird durch Abschirmung und Kühlung beherrscht. Bei der Turbinenbeschaufelung können die sich rasch ändernden Abgastemperaturen zu Problemen führen.

Turbolader werden serienmäßig in großer Stückzahl hergestellt. Sie werden heute auch für vergleichsweise kleine Fahrzeugmotoren verwendet. Als Beispiel hierfür ist der einstufige Abgasturbolader für einen Straßenfahrzeugmotor in Bild 122 dargestellt. Wegen des kleinen Volumenstromes wird hier auch für die Turbine ein Radialrad verwendet. Ein Problem bei Ladern für Straßenfahrzeugmotoren besteht in der Anpassung an den großen Arbeitsbereich. Dies wird in dem gezeigten Beispiel dadurch gelöst, daß die Turbine für vergleichsweise kleine Massenströme ausgelegt ist und somit im Teillastbereich des Motors gute Wirkungsgrade hat. Bei großen Massenströmen wird ein Bypass an der Turbine (Ladedruckregelventil) geöffnet. Damit wird ein Teil des Abgasmassenstromes

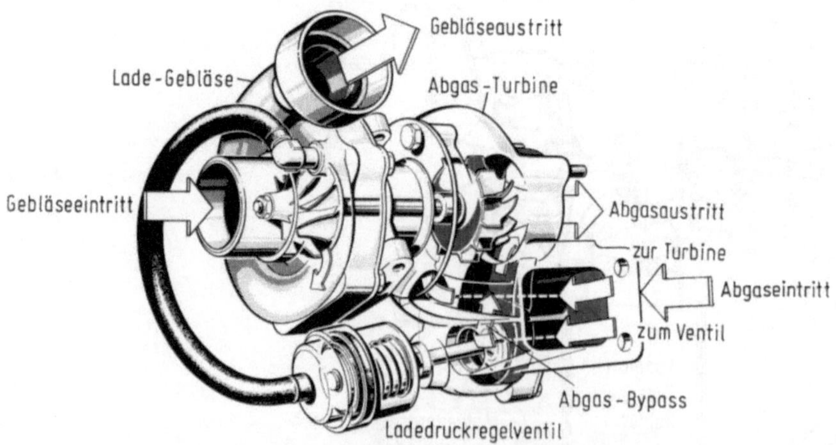

Bild 122. Abgas-Turbolader einstufig mit Ladedruckregelventil für PKW-Motoren (Daimler-Benz)

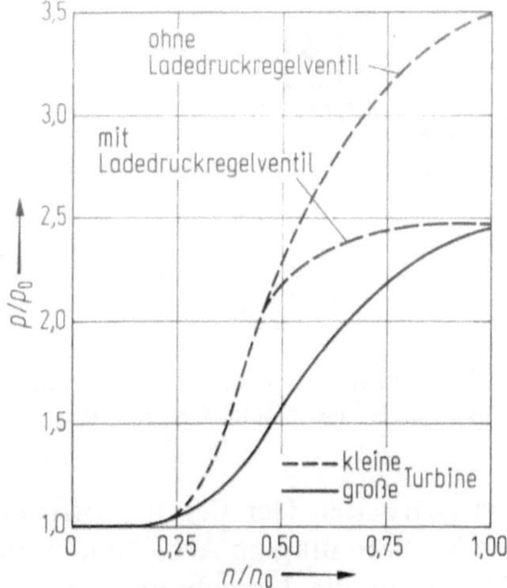

Bild 123. Nahezu konstantes Ladedruckverhältnis zwischen 60 und 100% Drehzahl durch Turbine, die für kleineren Durchsatz ausgelegt wurde (kleine Turbine) und die mit ladedruckbetätigtem Regelventil (Abgas-Bypassventil) versehen ist gegenüber für großen Durchsatz ausgelegter Turbine (große Turbine)

Bild 124. Kolbenkühlung bei einem aufgeladenen PKW-Motor (Daimler-Benz)

abgesteuert, so daß sich der Ladedruck zwischen 60 und 100% Drehzahl kaum ändert (Bild 123).

Als Beispiel für die durch Aufladung erhöhte Wärmebelastung und damit notwendige erhöhte Kühlung ist der Kolben des zugehörigen Motors im Bild 124 gezeigt. Durch eine vergleichsweise einfache Einrichtung wird eine gute Kühlung erreicht. Es wird Öl an einer Stelle von unten in den Kolbenringkanal gespritzt, welches sich durch Shakerwirkung auf den gesamten Umfang verteilt und beim Zurücktropfen in den Kurbelwellenraum Wärme vom Kolben abführt.

3.5 Ortsfeste Gasturbinenanlagen mit offenem Kreislauf

3.5.1 Kreisprozesse und Wirkungsgrad

Bei der Gasturbinenanlage findet im Gegensatz zum Dampfkraftanlagenprozeß keine Phasenänderung des Arbeitsmediums statt. Es wird mit einem während des

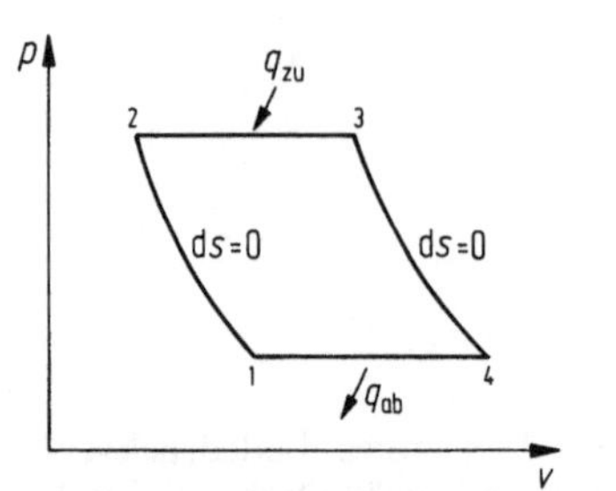

Bild 125. Joule-Prozeß im p, v-Diagramm

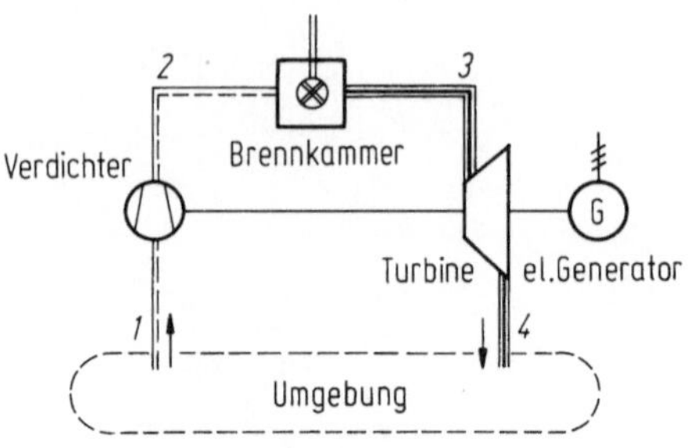

Bild 126. Schaltung der Hauptbauteile einer Gasturbinenanlage offenen Kreislaufs

gesamten Kreisprozesses gasförmigen Medium gearbeitet. Der Begriff „offener Kreislauf" kennzeichnet, daß die Wärme durch Verbrennung im Arbeitsmedium zugeführt wird und dementsprechend die Abgase in die Umgebung gegeben werden müssen, aus der dann wieder Frischluft angesaugt wird.

Als Vergleichsprozeß wird der Joule-Prozeß (Bild 125) verwendet. Der thermische Wirkungsgrad/Umwandlungsgrad dieses Prozesses ist

$$\eta_{\text{Joule}} = 1 - \frac{T_1}{T_2}.$$

Für die Durchführung des Prozesses ist ein Verdichter, eine Brennkammer und eine Turbine erforderlich, die folgendermaßen geschaltet sind (Bild 126): Der Verdichter saugt Luft aus der Umgebung an und bringt sie unter erhöhtem Druck in die Brennkammer. Dort wird flüssiger oder gasförmiger Brennstoff zugeführt. Die Verbrennungsgase strömen der Turbine zu und werden dort mit einem Druckverhältnis, das fast gleich dem des Verdichters ist, entspannt. Von der dabei freiwerdenden Leistung werden etwa 60% zum Antrieb des Verdichters verwendet, der sich mit der Turbine auf einer Welle befindet. Die restlichen etwa 40% werden als Nutzleistung an den elektrischen Generator abgegeben.

Die Austrittstemperatur der Turbine liegt verhältnismäßig hoch. Man kann die Austrittstemperatur berechnen, wenn neben dem Druckverhältnis (beim realen Prozeß um 10) die Eintrittstemperatur der Turbine und der Polytropenexponent bei der Expansion bekannt sind. Nimmt man die Turbineneintrittstemperatur mit einem heute für Anlagen im stationären Betrieb möglichen Wert von 1000 °C und den Polytropenexponenten zu $n = 1{,}27$ an, so ergibt sich die Austrittstemperatur T_4

$$T_4 = T_3 \left(\frac{p_{4,1}}{p_{2,3}} \right)^{\frac{n-1}{n}}$$

$$T_4 = 1273 \cdot \frac{1}{10} \cdot 0{,}212 = 780 \text{ K}.$$

Diese hohe Turbinenaustrittstemperatur kennzeichnet die relativ große Exergie der Turbinenabgase und legt deren Verwertung nahe. Hierfür kommt u. a. die Verwendung im Kreisprozeß der Gasturbinenanlage selbst in Frage. Wie der im

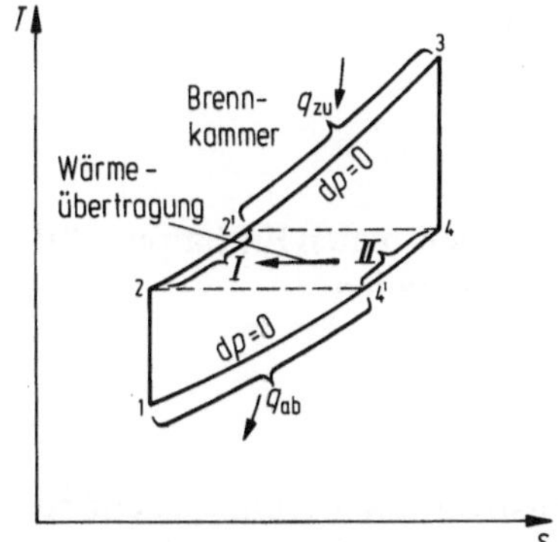

Bild 127. Joule-Prozeß im T,s-Diagramm: Verwertung eines Teiles der Abgasenthalpie bei *II* zur Vorwärmung der Verbrennungsluft bei *I* (theoretischer reversibler Grenzfall)

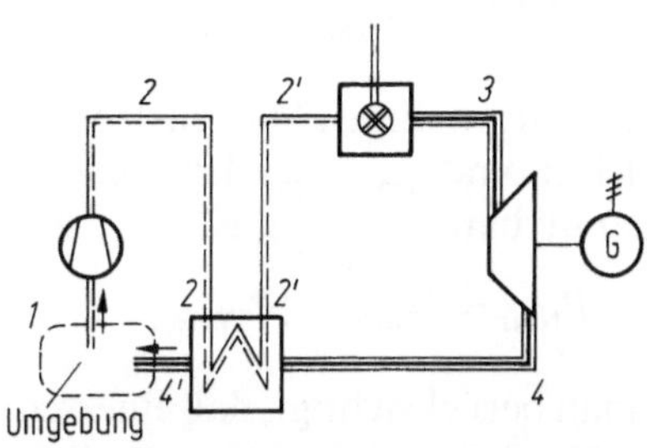

Bild 128. Schaltung der Hauptbauteile einer Gasturbinenanlage offenen Kreislaufes mit Vorwärmung der Verbrennungsluft durch aus dem Abgas entnommene Wärme

T,s-Diagramm (Bild 127) aufgetragene Joule-Prozeß zeigt, ist es temperaturmäßig möglich, einen Teil der Abgaswärme zur Vorwärmung der Verbrennungsluft vor der Brennkammer zu verwenden. Die Prinzip-Schaltung einer solchen Gasturbinenanlage mit Wärmeübertrager ist in Bild 128 dargestellt. Der Verminderung des Brennstoffverbrauches durch die Verwendung des Wärmeübertragers steht die Erhöhung des Bauaufwandes gegenüber. Die Kosten für den Wärmeübertrager sind hoch, da nur geringe Druckverluste zugelassen werden können und da seine Fläche wegen der kleinen Wärmeübergangszahlen (begründet durch die gasförmigen Medien auf beiden Seiten) groß ist. Daher wird eine derartige Schaltung nicht oft verwendet. Häufiger wird die Abwärme für gasturbinenexterne Zwecke genutzt, öfters in der Kombination mit Dampfkraftanlagen (s. Abschnitt 3.5.5).

In den Bildern 125 und 127 ist der theoretische Vergleichsprozeß dargestellt worden. Der wirkliche Prozeß beinhaltet bei der Verdichtung und Entspannung statt der Isentropen Polytropen mit $\Delta s > 0$ (Bild 129). Dadurch und durch die Druckverluste ($dp \neq 0$) in Brennkammer und Rohrleitungen und gegebenenfalls dem Abgaswärmeübertrager wird der Wirkungsgrad gegenüber dem Vergleichsprozeß herabgesetzt. Für die Turbine gilt

$$P_{\text{Turb.}} = \dot{m}_{\text{Turb.}} \Delta h_{\text{Turb.}} \eta_{\text{mech. Turb.}}$$

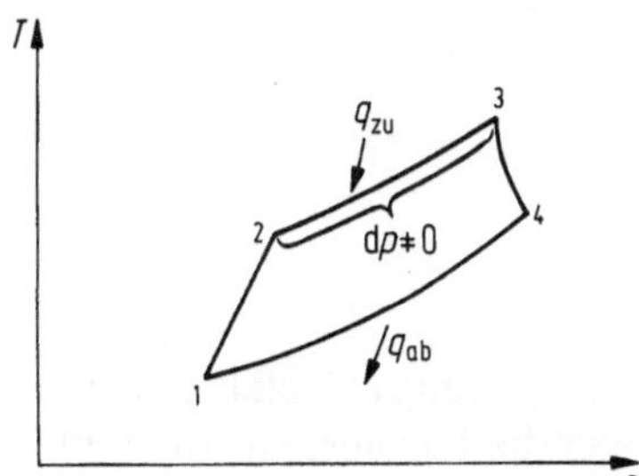

Bild 129. Prozeß der wirklichen Gasturbine offenen Kreislaufes im T,s-Diagramm

Für die vom Verdichter aufgenommene Leistung gilt

$$P_{\text{Verdi.}} = \frac{\dot{m}_{\text{Verdi.}} \cdot \Delta h_{\text{Verdi.}}}{\eta_{\text{mech. Verdi.}}}$$

mit $\dot{m}$ als den jeweiligen Massenströmen in kg/h, Δh als den realen Enthalpiegefällen in kJ/kg und η_{mech} als den mechanischen Wirkungsgraden.

Die nutzbare Leistung ist

$$P_{\text{Nutz}} = P_{\text{Turb.}} - |P|_{\text{Verdi.}} .$$

Wenn man berücksichtigt, daß einerseits der Massenstrom der Turbine gegenüber dem des Verdichters um den in der Brennkammer zugesetzten Brennstoffmassenstrom vergrößert ist,

$$\dot{m}_{\text{Turb.}} = \dot{m}_{\text{Verdi.}} + \dot{m}_{\text{Brennstoff}},$$

andererseits der Verdichter-Massenstrom nicht vollständig über die Brennkammer zur Turbine geführt wird, sondern vor der Brennkammer ein Teilluftstrom für Kühlungszwecke abgezweigt wird, und Brennstoff- und Kühlluftmassenstrom näherungsweise gleich sind – mit unterschiedlichem Vorzeichen –, so kann man überschlägig mit einem mittleren Massenstrom $\dot{m}$ rechnen:

$$\dot{m}_{\text{Turb.}} \approx \dot{m} \approx \dot{m}_{\text{Verdi.}} .$$

Damit kann der Gesamtwirkungsgrad η_{ges} als Quotient Nutzarbeit dividiert durch die pro Masseneinheit Arbeitsmedium zugeführte Wärmemenge q_{zu} ausgedrückt werden:

$$\eta_{\text{ges}} \approx \frac{\Delta h_{\text{Turb.}} \cdot \eta_{\text{mech. Turb.}} - \dfrac{|\Delta h|_{\text{Verdi.}}}{\eta_{\text{mech. Verdi.}}}}{q_{\text{zu}}} .$$

Somit kann gesagt werden:

a) *Der Wirkungsgrad* wird größer mit wachsendem Enthalpiegefälle der Turbine und sinkendem Enthalpiegefälle des Verdichters; allgemein gilt für die Enthalpiegefälle

$$\Delta h = c \, \Delta T,$$

mit der spezifischen Wärmekapazität $c = \dfrac{n - \varkappa}{n - 1}$ auf der betreffenden Polytropen mit dem jeweiligen (nicht konstanten) Polytropenexponenten n, so daß man schreiben kann

$$\Delta h_{\text{Turb.}} = c_{\text{Turb.}} \, (T_3 - T_4),$$

(Indices gemäß Bild 129)

$$\Delta h_{\text{Verdi.}} = c_{\text{Verdi.}} \, (T_1 - T_2).$$

Wenn man diese Beziehungen in die Wirkungsgradgleichung einsetzt, erkennt man: Der Wirkungsgrad wird um so größer, je größer die Turbineneintrittstemperatur T_3 ist und je kleiner die Verdichtereintrittstemperatur T_1 ist. Daß der Wirkungsgrad mit steigender Turbineneintrittstemperatur steigt, ist ein spezieller Ausdruck für die allgemeine Aussage, daß bei Wärmekraftanlagen meist die Wirkungsgrade/Umwandlungsgrade mit wachsender Wärmezufuhrtemperatur steigen (wenn nicht dadurch zwangsläufig die Wärmeabfuhrtemperatur mit steigt wie z.B. beim Dieselvergleichsprozeß).

In der Beziehung für den Wirkungsgrad tritt der Verdichteransaugdruck nicht auf. Wenn man von den verhältnismäßig geringfügigen Änderungen der Reibungsdruckverluste durch Dichteänderungen absieht, ist also der Wirkungsgrad der Gasturbinenanlage unabhängig vom Umgebungsdruck.

b) *Die Nutzleistung* der Gasturbinenanlage ändert sich mit der Turbineneintritts- und Verdichteransaugtemperatur folgendermaßen: Mit wachsender Turbineneintrittstemperatur T_3 steigt die Nutzleistung, da die Turbinenleistung entsprechend der oben angegebenen Beziehung für $\Delta h_{\text{Turb.}}$ steigt. Ebenso steigt die Nutzleistung mit sinkender Verdichteransaugtemperatur T_1, da die erforderliche Antriebsleistung für den Verdichter sinkt.

Die Nutzleistung ist auch vom Umgebungsdruck abhängig, da (bei im übrigen konstanten Größen) folgendes mit wachsenem Umgebungsdruck geschieht: Die Dichte der Ansaugluft steigt und damit der Massenstrom des Verdichters. Da der Brennstoffmassenstrom klein ist gegen den Verdichtermassenstrom und im übrigen ebenfalls anwächst (wenn die Turbineneintrittstemperatur konstant bleiben soll), steigt auch der Turbinenmassenstrom und zwar ungefähr im gleichen Verhältnis wie der Verdichtermassenstrom. Folglich steigen sowohl Verdichter- als auch Turbinenleistung. Da P_{Turbine} größer als $P_{\text{Verdichter}}$ ist, wird auch deren Differenz, die Nutzleistung größer ($p_{\text{Umgebungsluft}}$ $\sim \varrho_{\text{Umgebungsluft}} \sim \dot{m}_{\text{Verdichter}}$; wenn $\dot{m}_{\text{Verdichter}}$ steigt, steigt auch $P_{\text{Verdichter}}$ und wegen des ebenfalls steigenden $\dot{m}_{\text{Turbine}}$ steigt auch P_{Turbine}). Wenn wir also voraussetzen, daß die Turbineneintrittstemperatur konstant gehalten wird und damit mehr Brennstoff mit wachsendem Verdichteransaugdruck, also mit wachsendem $\dot{m}_{\text{Verdichter}}$ zugeführt werden muß, steigt die Nutzleistung mit wachsendem Umgebungsdruck (Bild 130).

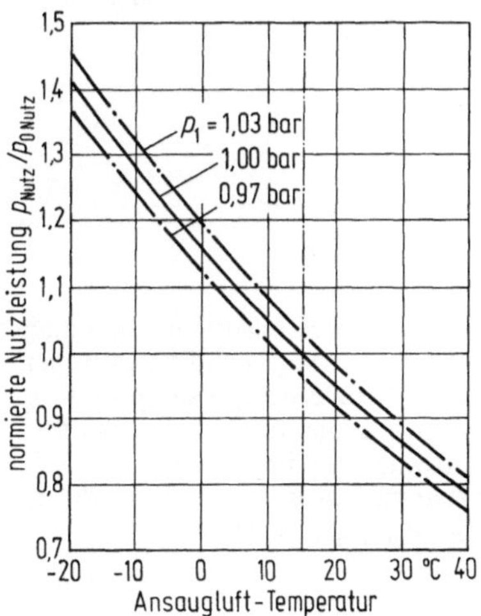

Bild 130. Nutzleistung einer Gasturbinenanlage offenen Kreislaufes in Abhängigkeit von der Ansaugluft-Temperatur; Turbineneintrittstemperatur T_3 = const, Parameter: Druck der Umgebungsluft

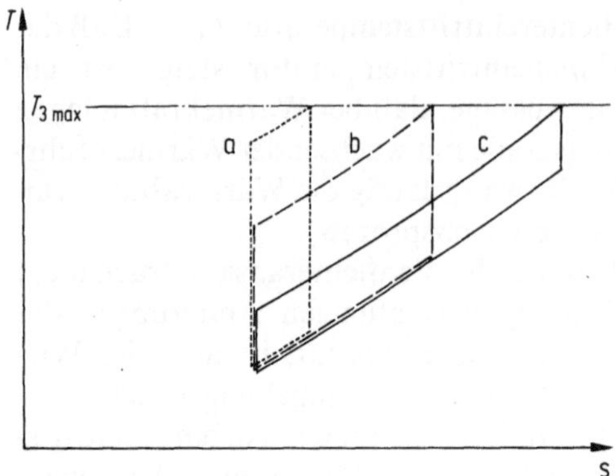

Bild 131. Änderung der Arbeitsflächen im T,s-Diagramm bei unterschiedlichen Verdichter-Druckverhältnissen. Druckverhältnis: a groß, b mittel, c klein

3.5.2 Optimales Druckverhältnis

Daß für das in gewissen Grenzen frei wählbare Verdichterdruckverhältnis im Hinblick auf die spezifische Arbeit optimale Werte existieren, zeigt folgende kurze Betrachtung an Hand des Joule-Prozesses:

Bei (aus Werkstoffgründen) begrenzter maximaler Turbineneintrittstemperatur $T_{3\,max.}$ ergibt der Prozeß im T,s-Diagramm je nach Druckverhältnis verschieden große Arbeitsflächen (Bild 131). Bei kleinem und bei großem Druckverhältnis ist die bei einem Umlauf der Masseneinheit des Mediums in Arbeit umgesetzte Wärme klein. Der maximale Wert für die spezifische Arbeit wird bei einem mittleren Druckverhältnis erreicht.

Auch für den Wirkungsgrad existieren beim realen Prozeß Optima des Druckverhältnisses. Diese hängen von der Turbineneintrittstemperatur T_3 ab (Bild 132) und sind außerdem eine Funktion des Wirkungsgradproduktes $\eta_{Verdi.} \cdot \eta_{Turb.}$ (Bild 133). Der starke Einfluß des Wirkungsgradproduktes auf den Gesamtwirkungsgrad ist besonders hervorzuheben. Hieraus erklärt sich, daß die Gasturbinenanlage, obwohl seit Ende des 19. Jahrhunderts in heutiger Form durch Stolze bekannt, erst dann praktisch einsetzbar wurde, als es gelang, Verdichter und Turbinen mit genügend hohem Wirkungsgrad zu bauen. Diese Entwicklung ist durch Schaufelprofiluntersuchungen im Zusammenhang mit der Entwicklung von Flugtriebwerken sehr gefördert worden.

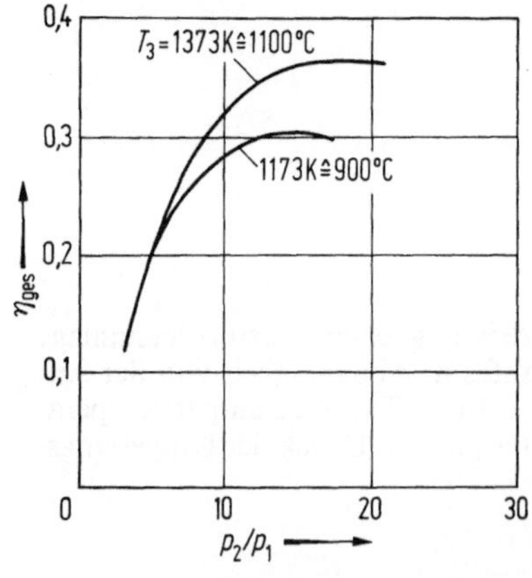

Bild 132. Wirkungsgrade von Gasturbinenanlagen offenen Kreislaufes, ohne Abgas-Wärmetauscher, bezogen auf die Nutzleistungs-Kupplung in Abhängigkeit vom Verdichter-Druckverhältnis. Parameter: Turbineneintrittstemperatur T_3, Verdichtereintrittstemperatur $T_1 = 288$ K, $\eta_{isentrop\,Turb.} = 0{,}90$, $\eta_{isentrop\,Verdi.} = 0{,}85$

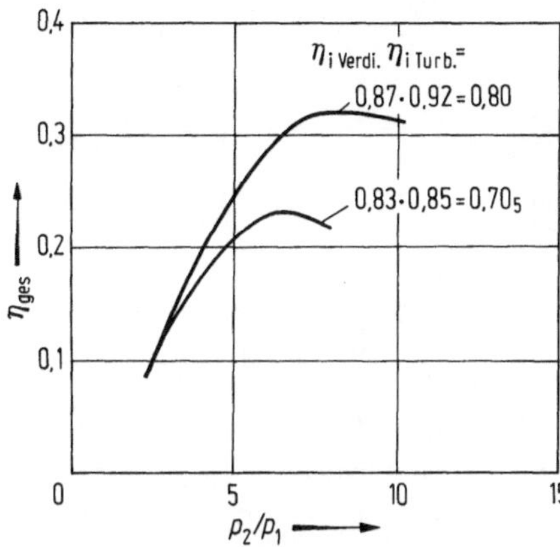

Bild 133. Wirkungsgrade von Gasturbinenanlagen offenen Kreislaufes, ohne Abgas-Wärmetauscher bezogen auf die Nutzleistungs-Kupplung, in Abhängigkeit vom Verdichter-Druckverhältnis. Parameter: Wirkungsgradprodukt $\eta_{\text{isentrop Verdi.}}\cdot\eta_{\text{isentrop Turb.}}\cdot$ $T_3 = 1050$ K, $T_1 = 288$ K

3.5.3 Ausführungsformen und Bauteile von Gasturbinenanlagen

Man unterscheidet grundsätzlich

a) Anlagen mit wenigen (1−2) großvolumigen Brennkammern,
b) Anlagen mit zahlreichen (bis zu etwa 12) Brennkammern von kleinerem Volumen.

Für den stationären Betrieb können beide Arten in der sog. Schwerbauweise (Verdichter und Turbine mit schweren Guß- bzw. Schmiedestücken gebaut) ausgeführt werden. Daneben existiert (in der Art b) die Leichtbauweise für Flugzeugtriebwerke. Letztgenannte werden auch im stationären Betrieb in Verbindung mit Schwerbauweise-Nutzleistungsturbinen eingesetzt.

Ein Beispiel für eine Anlage gemäß a) zeigt Bild 134. Gegenüber dem Dampfkraftwerk fällt zunächst auf, daß die Anlage kaum Kellerräume benötigt, die Maschinen also fast zu ebener Erde stehen. Für die Ansaugluft- und Abgasführung sind wegen der niedrigen Drücke verhältnismäßig große Querschnitte erforderlich. Man erkennt auch die Schalldämpfer am Ein- und Austritt. Neben den Maschinen stehen zwei Einzelbrennkammern (2) von etwa 7 m Höhe.

Der Maschinensatz, bestehend aus Verdichter und Turbine ist heute meist in Einläuferbauart ausgeführt, sodaß für beide Maschinen zusammen lediglich 2 Lager und nur 2 Wellenabdichtungen zur Umgebung hin erforderlich sind. Ein Beispiel mit einem gebauten, d.h. aus Scheiben zusammengesetzten, und mittels Zuganker zusammengehaltenen Läufer, zeigt Bild 135. Der Austritt aus der Turbine ist mit einem langen axialen Diffusor versehen. Dies ist eine Bauweise, die häufig verwendet wird, da bei dem verhältnismäßig geringen Druckverhältnis der Gasturbinenanlage darauf geachtet werden muß, den Druck hinter der Turbine möglichst niedrig zu halten und die kinetische Energie der Gase am Austritt aus der Turbine zur Druckabsenkung an dieser Stelle (Verminderung der potentiellen Energie) noch möglichst weitgehend zu nutzen. Bei einer rechtwinkligen Umlenkung unmittelbar hinter der Turbine, wie sie bei Dampfturbinen verwendet wird, wäre ein hoher Wirkungsgrad des Austrittsdiffusors schwieriger zu erreichen (bei Dampfturbinen spielt diese Überlegung wegen deren großem Druckverhältnis eine geringere Rolle).

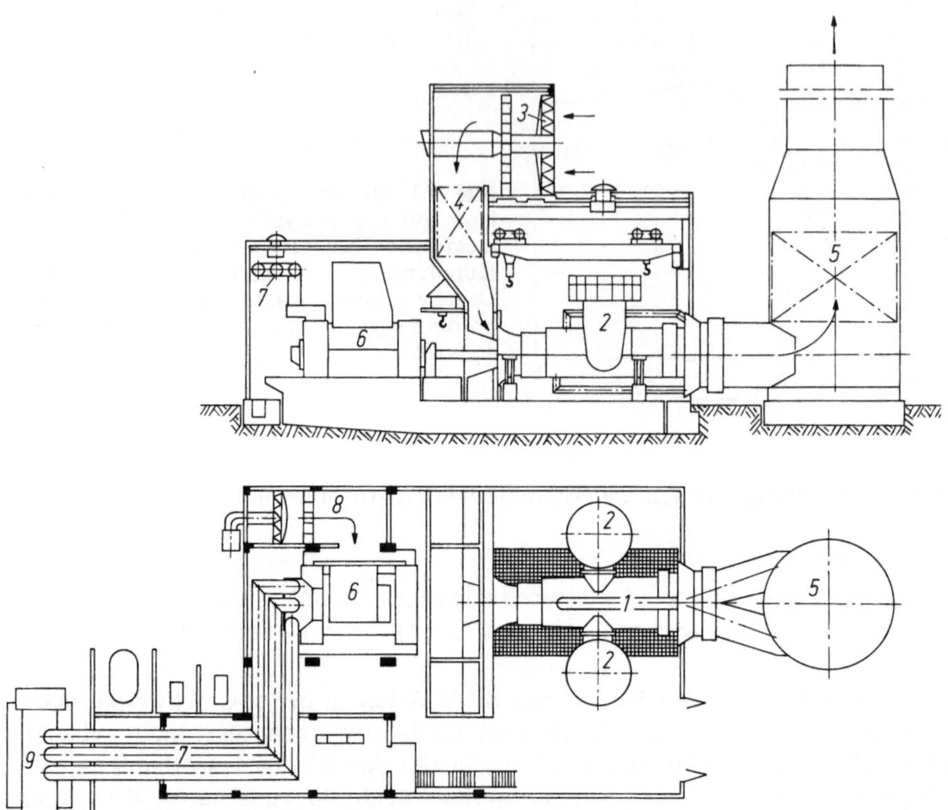

Bild 134. Gasturbinenkraftwerk. *1* Verdichter und Turbine, *2* Einzel-Brennkammern, *3* Verbrennungsluft-Filter, *4* Verbrennungsluft-Schalldämpfer, *5* Schornstein mit Schalldämpfer, *6* Generator, *7* Generatorausleitungen, *8* Kühlluft für Generator, *9* Transformator

Die Leitung, die zu den neben dem Maschinensatz stehenden Brennkammern führt, ist als Doppelrohrleitung (Bild 136) ausgebildet (ein Bauprinzip, das für Heißgasrohrleitungen nicht nur bei Gasturbinenanlagen verwendet wird). Im Innenrohr strömt das heiße Gas von der Brennkammer zur Turbine, während im ringförmigen Mantel die verhältnismäßig kalte Verbrennungsluft vom Verdichter zur Brennkammer geführt wird. Somit wird der druckbelastete Außenmantel nicht durch hohe Temperaturen beansprucht, während das Innenrohr zwar gegen hohe Temperaturen beständig sein muß und dementsprechend zunderfest ausgeführt ist, aber kaum Druckbeanspruchungen aufnehmen muß. Der Druckunterschied zwischen Innen- und Außenrohr ist gering und nur durch die Druckverluste in der Brennkammer und in der Rohrleitung selbst bedingt.

Im Bild 137 ist ein ähnlicher Maschinensatz dargestellt mit dem Unterschied gegenüber dem vorhergehenden, daß der zuletzt dargestellte einen geschweißten Läufer besitzt. Eine geöffnete Maschine bei der Werksmontage zeigt Bild 138.

Ein Beispiel für eine Anlage mit zahlreichen Brennkammern ist in Bild 139 gezeigt. Die Brennkammern sind mit in der die Maschinen unmittelbar umgebenden Verschalung untergebracht. Eine solche Anlage hat damit ein vergleichsweise

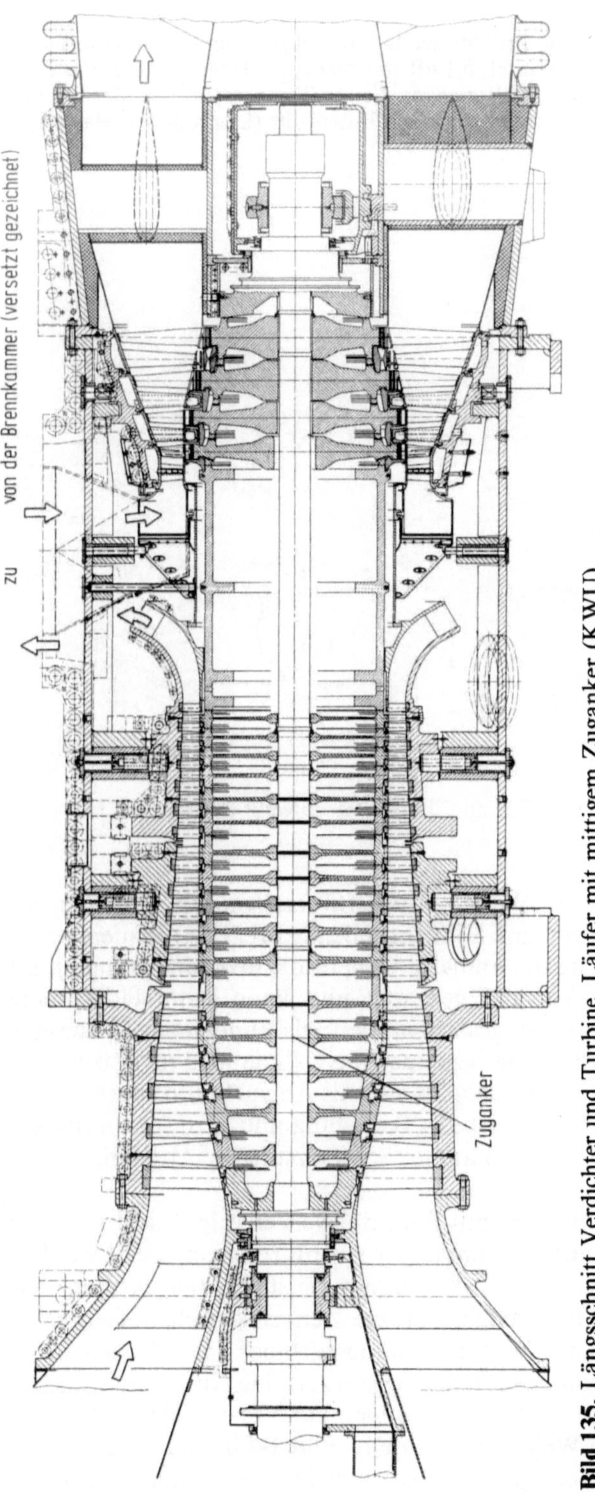

Bild 135. Längsschnitt Verdichter und Turbine, Läufer mit mittigem Zuganker (KWU)

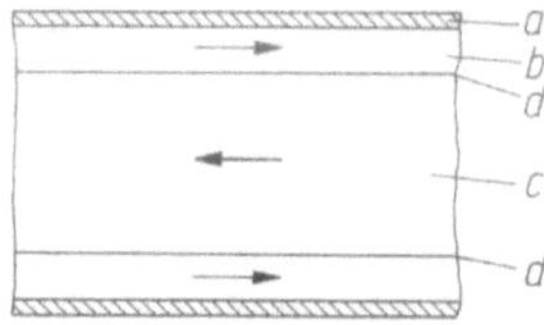

Bild 136. Prinzip der Doppelrohrleitung. *a* druckführender Außenmantel, *b* Luft mit niedriger Temperatur zur Brennkammer, *c* Rauchgas hoher Temperatur von der Brennkammer zur Turbine, *d* Innenrohr (kaum druckbelastet)

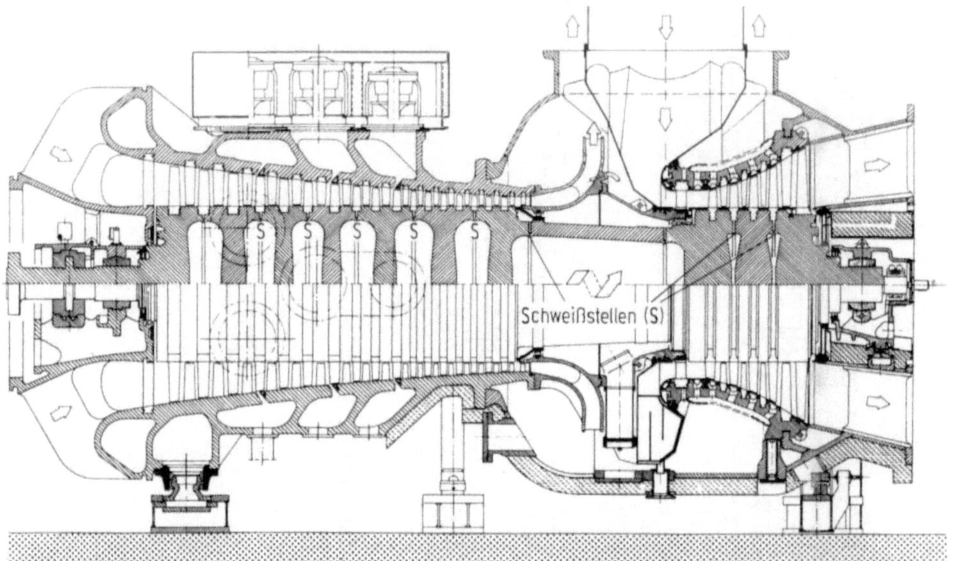

Bild 137. Längsschnitt Verdichter und Turbine, Läufer geschweißt (BBC)

kleines Bauvolumen und kann im Werk weitgehend fertigmontiert werden. Sie wird mit allen Steuereinrichtungen und Hilfsantrieben in drei Hauptbaueinheiten (Turbine und Verdichter mit Brennkammern, Generator, Bedienungsraum) auf je einem Grundrahmen zum Versand gebracht und kann mit relativ wenig Aufwand auf der Baustelle zusammengesetzt werden. Als Fundament ist nur eine einfache Beton-Platte erforderlich. Ein besonderes Gebäude wird nicht benötigt. Die vorgestellte Anlage ist mit einem Dieselmotor als Anwurfmotor ausgerüstet. Dieser Motor setzt auch alle Hilfsantriebe in Bewegung und wird seinerseits aus einer Batterie gestartet, so daß ein sogenannter Schwarzstart (s. Abschnitt 3.5.4) möglich ist.

Eine stationäre Gasturbinenanlage mit Flugtriebwerken zeigt Bild 140. Diese Flugtriebwerke können in nahezu serienmäßiger Ausführung eingesetzt werden. Durch die Serienfertigung ergeben sich besonders günstige Anlagekosten. Die Triebwerke dienen als sog. Gaserzeuger für die den elektrischen Generator antreibende Nutzleistungsturbine. Die Nutzleistungsturbine ist in Schwerbauweise ausgeführt. Es ist möglich, von mehreren Triebwerken eine Nutzleistungsturbine beaufschlagen zu lassen. Für größere Leistungen kann man mehrere Nutzleistungsturbinen auf die gleiche Welle setzen, wie in Bild 140b dargestellt ist. Bei dieser Anlage hat man auf die oben genannten axialen Diffusoren am Austritt der

Bild 138. Verdichter und Turbine in geöffnetem Zustand (KWU)

Nutzleistungsturbinen verzichtet, zugunsten einer kompakten Bauweise. Dies war hier möglich, da es sich um eine Spitzenlastanlage mit wenig Betriebsstunden pro Jahr handelt, bei der die Betriebskosten (günstiger Wirkungsgrad) zugunsten niedriger Anlagekosten zurücktraten.

Ein einzelnes Flugtriebwerk ist im Bild 141 gezeigt. Die Turbine ist hier nur dreistufig, da sie hier lediglich die Arbeit zum Antrieb des Verdichters liefern muß, während die Nutzarbeit in Form von Enthalpie und kinetischer Energie mit dem Gasstrahl an die Nutzturbine abgegeben wird. Man erkennt die eng um die Maschine gebauten sehr kleinen Flammrohre der Brennkammern, weiterhin den aus Scheiben zusammengesetzten Verdichterläufer, bei dem die Scheiben auf eine Verzahnung der rohrförmigen Welle aufgeschoben sind, sowie den in der Nabe des Verdichters befindlichen Anwurfmotor (bei der Modifikation von Triebwerken für den stationären Einsatz wird u.a. letzterer meist durch eine außenliegende Anwurfeinrichtung ersetzt).

Von den Bauteilen der Gasturbinenanlage soll hier noch die Brennkammer etwas detaillierter behandelt werden, da die Brennkammer ein Bauteil ist, an dem einige typische Probleme von Feuerungen gezeigt werden können: Die Wärmeleistung pro Bauvolumeneinheit der Brennkammer kann verhältnismäßig hoch sein, da ja unter einem wesentlich höheren als dem Umgebungsdruck verbrannt wird. Insbesondere bei Gasturbinenanlagen mit vielen Brennkammern und bei Flugtriebwerken strebt man kleine Bauvolumina an. Die Brennraumwärmebelastun-

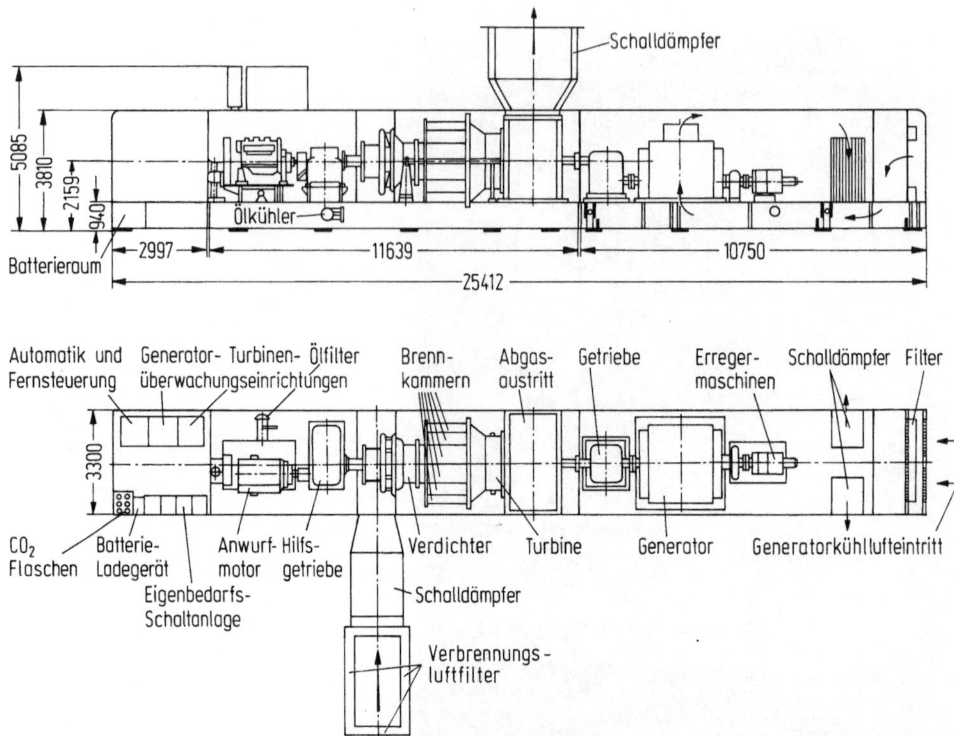

Bild 139. Gasturbinenanlage mit zahlreichen Brennkammern (AEG-Kanis) (Maße in mm)

gen liegen in der Größenordnung bis zu einigen $10^2\,\text{MW/m}^3$. Um bei dieser hohen Wärmefreisetzung pro Zeiteinheit und pro Volumeneinheit, die außerdem bei verhältnismäßig hoher Temperatur erfolgt, einen betriebssicheren Einschluß der Flamme in dem druckbelasteten Gehäuse zu ermöglichen, werden Flammrohre verwendet, die zwischen Flamme und druckbelasteter Gehäusewand liegen und folgende Funktionen haben:

a) Führung der Luft und der Rauchgase,
b) Strahlungsabschirmung der Gehäusewand gegenüber der Flamme.

Auf diese Weise wird die Brennkammer nach einem ähnlichen Bauprinzip wie eine Heißgasdoppelrohrleitung (siehe oben) in einen überwiegend temperaturbe-lasteten Innenmantel und einen überwiegend druckbelasteten Außenmantel geteilt (Bild 142). Zwischen Innen- und Außenmantel strömt ein verhältnismäßig kalter Luftstrom mit hoher Geschwindigkeit, der erst am Ende des dritten Flammrohrschusses vollständig mit den Rauchgasen vermischt wird. Dieser Mantelluftstrom kühlt das Flammrohr von außen. Auch im Inneren des Flammrohres wird an der Wand ein verhältnismäßig kalter Luftschleier erzeugt, indem am Eintritt des Flammrohres die Luft durch einen Drallkörper in Rotation um die Längsachse des Flammrohres versetzt wird und sie sich dadurch an die Konturen des ersten Flammrohrschusses anlegt (Bild 143). Diese Innenkühlung ist im ersten, am höchsten belasteten Flammrohrschuß am wichtigsten. Aber auch in die folgenden Flammrohrschüsse wird Luft durch die Ringspalte am Übergang

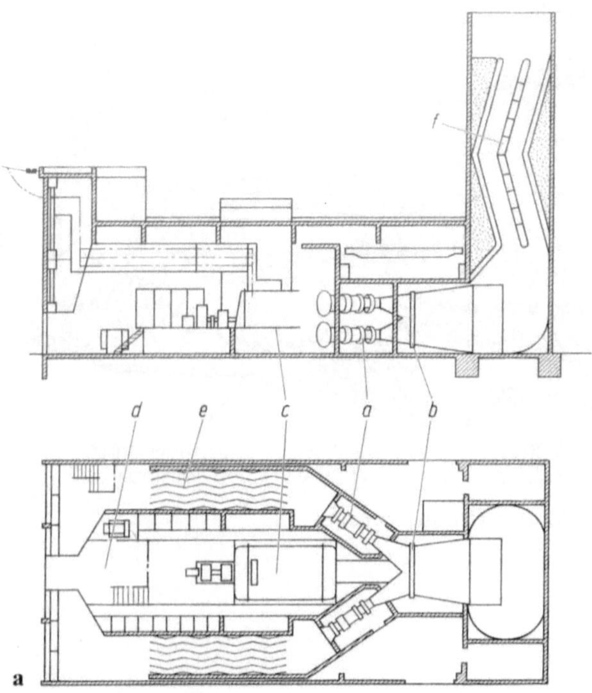

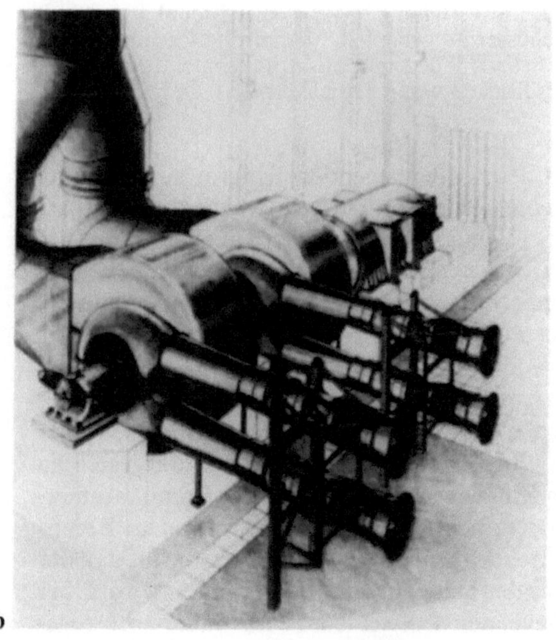

Bild 140. a Gasturbinenanlage mit Flugtriebwerken als Gaserzeuger (nach Thomas, s. Literatur-Verz.). *a* Gaserzeuger (Flugtriebwerke), *b* Nutzleistungsturbine, *c* Generator, *d* Leitstand, *e* Verbrennungsluft-Schalldämpfer, *f* Abgas-Schalldämpfer; **b** Gasturbinenanlage mit 2 Nutzleistungsturbinen

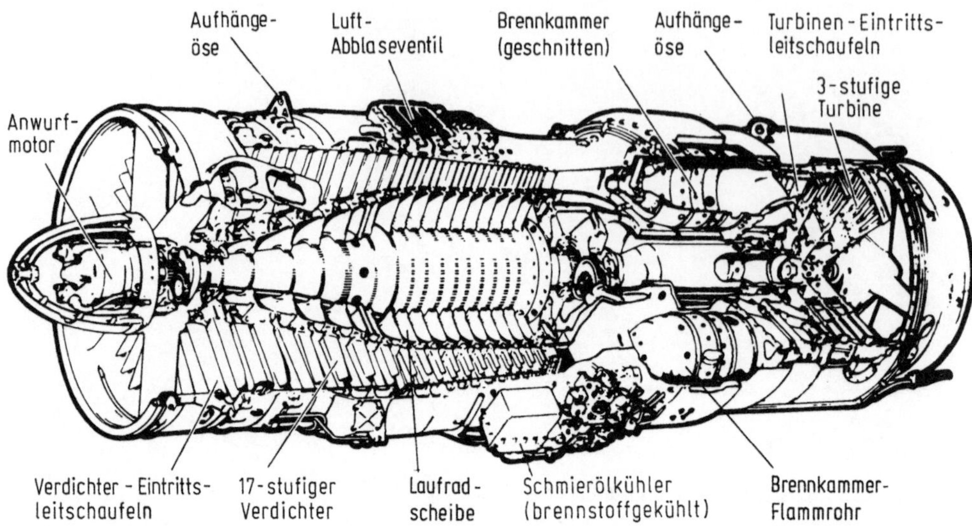

Bild 141. Flugtriebwerk, teilweise geschnitten (Rolls-Royce)

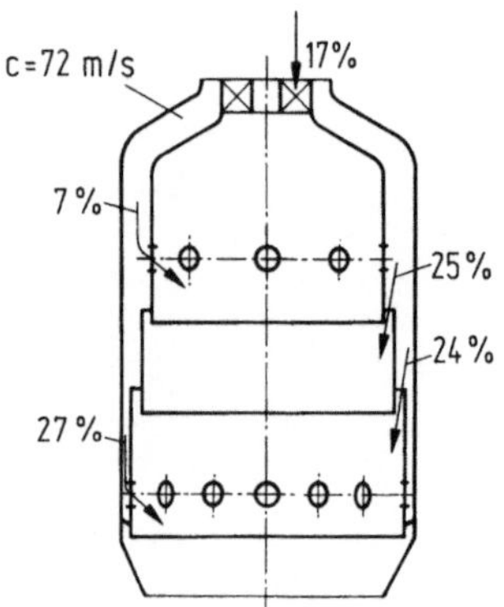

Bild 142. Luftverteilung in % in einer Brennkammer mit aus 3 Schüssen aufgebautem Flammrohr. Gesamter Luftmassenstrom: 58000 kg/h, Eintrittstemperatur: 350 °C, Eintrittsdruck: 3,9 bar, Druckverlust: 0,08 bar

von einem Schuß zum nächsten aus dem außenliegenden Ringraum eingeführt (Bild 142). Dieser Aufbau aus einzelnen Schüssen wird vorwiegend bei Einzelbrennkammern verwendet, während bei Vielfachbrennkammern auch Flammrohre aus einem Stück verwendet werden, bei denen durch sickenartige Löcher im Flammrohr Luft von außen nach innen treten kann und damit auf der Innenseite des Flammrohres den Luftschleier erzeugt.

Falls flüssiger Brennstoff verwendet wird, wird dieser am Anfang des Flammrohres feinverteilt eingespritzt, wobei der Winkel des Spritzkegels (hier 100°) etwa dem Erweiterungswinkel des Flammrohres entspricht (Bild 143). Der Brennstoff wird durch rückströmende heiße Gase gezündet, die im dargestellten Beispiel in Form eines torusförmigen Ringwirbels in der Nähe der Brennkammermittelachse zurückgeführt werden. Diese heißen Gase kommen mit dem Brennstoffspritzkegel in Berührung bzw. durchdringen diesen und sorgen dafür, daß der Brennstoff kurz nach dem Austritt aus der Düse einwandfrei gezündet wird. Über den an der Flammenrohrwand anliegenden Luftschleier wird Sauerstoff zuge-

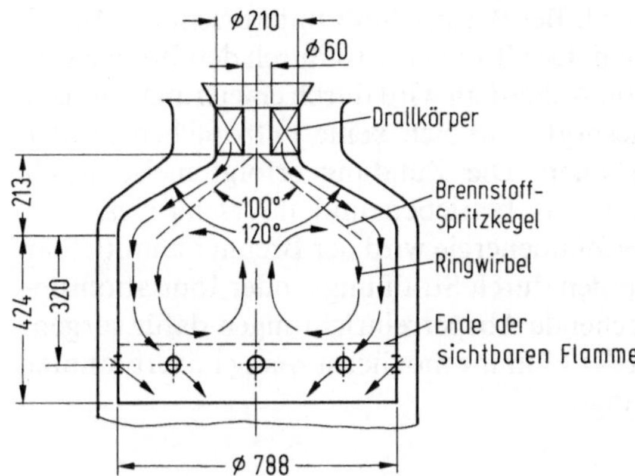

Bild 143. Gasturbinenbrennkammer: Strömungsrichtungen in der Flammenregion (unbezeichnete Maße in mm)

führt. Auf diese Weise wird ein schneller Ausbrand erreicht, so daß die sichtbare Flamme praktisch schon am unteren Ende des Ringwirbels endet. Der Ringwirbel wird durch die an der Wand geführte Luft angetrieben. Die durch Löcher in der Flammrohrwand mit starker Radialgeschwindigkeitskomponente einströmende Luft bewirkt neben der Impulsübertragung an den Wirbel auch noch, daß dieser gestützt wird. Damit wird verhindert, daß er axial abschwimmt.

Der Brenner selbst kann beispielsweise als Rücklaufbrenner mit Druckzerstäubung ausgeführt sein (Bild 144). Die Brennernadel dient zum Verschließen der Düse. Sie wird bei Abspritzbeginn von der Düsenplatte abgehoben, wobei bereits der volle Brennstoffdruck zur Verfügung steht, so daß von Anbeginn an eine

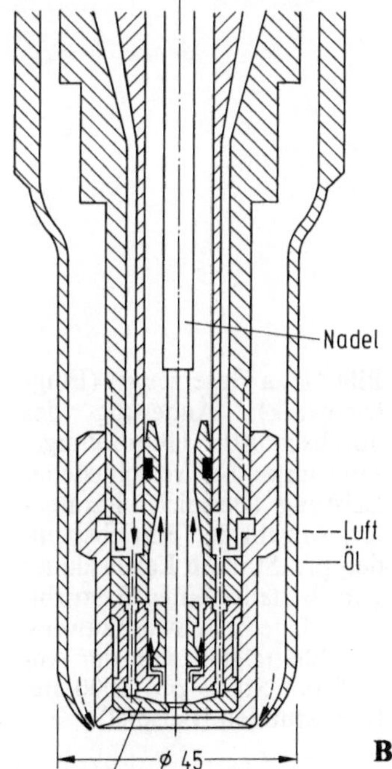

Bild 144. Rücklaufbrenner mit Düsennadel (Maß in mm)

einwandfreie Zerstäubung erreicht wird. Bei Brennschluß unterbricht die Nadel den Brennstoffstrom ohne Nachtropfen. Der Brenner wird durch den Brennstoffstrom gekühlt, so daß er koksfrei bleibt. Außerdem wird durch einen ringförmigen Luftkanal um den Brenner dafür gesorgt, daß sich keine Öltröpfchen an der Düsenplatte ansetzen und dort verkoken. Die Zündung erfolgt meist durch besondere Zündbrenner, die z.B. mit Gas betrieben und ihrerseits elektrisch gezündet werden. Bei kleinerer nötiger Zündenergie wird der Brenner unmittelbar elektrisch gezündet. Die Flammen werden durch Strahlungs- oder Ionisationsdetektoren überwacht, die über entsprechende Absperreinrichtungen dafür sorgen, daß bei einem eventuellen Ausbleiben der Flamme möglichst wenig unverbrannter Brennstoff in die Brennkammer gelangt.

3.5.4 Betriebsprobleme und Betriebseigenschaften

Zunächst ist über die Lebensdauer zu sprechen: Wie bei allen mit Wärme arbeitenden Kraftanlagen hängt auch bei Gasturbinenanlagen die Lebensdauer, bzw. die Länge des Zeitraumes zwischen zwei Überholungen u. a. von der Anzahl und von der Geschwindigkeit der Erwärmungs- bzw. Abkühlungsvorgänge ab.

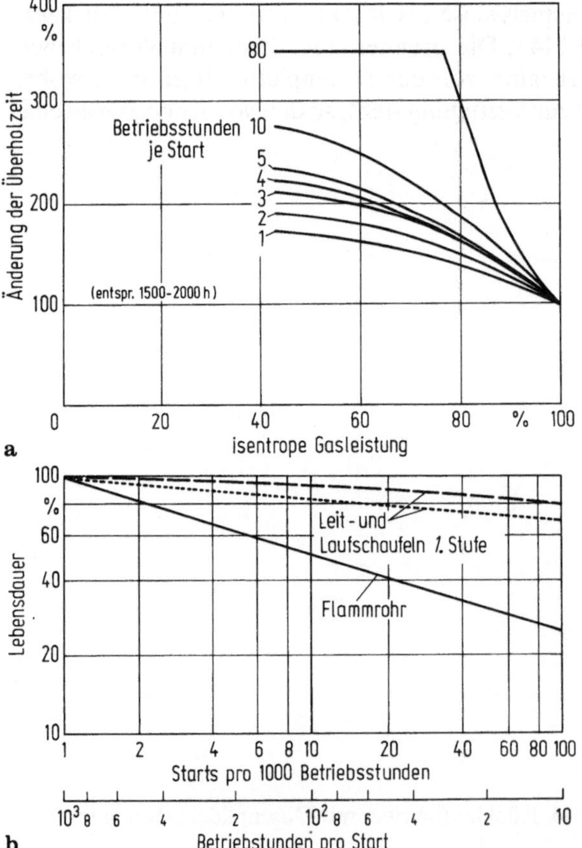

Bild 145. a Gaserzeuger (Flugtriebwerk): Änderung des durchschnittl. Überholungszeitraumes bei verschiedener Leistung (Beispiel). Parameter: Anzahl der Betriebsstunden pro Start; b Lebensdauer von Bauteilen einer Gasturbinenanlage in Schwerbauweise in Abhängigkeit von der Anzahl der Starts pro 1000 Betriebsstunden (Beispiel)

Dieses Problem spielt bei Gasturbinenanlagen für die Spitzenlasterzeugung eine besondere Rolle, da diese verhältnismäßig häufig gestartet werden und somit wenig Betriebsstunden pro Start haben. Daß der Einfluß der Startzahl pro Betriebsstunde erheblich ist, zeigt Bild 145a am Beispiel eines Gaserzeugers (Flugtriebwerkes). Beispielsweise kann bei Betrieb mit 75% seiner maximalen Leistung eine Vergrößerung des Überholzeitraumes auf das 1,5fache erreicht werden, wenn die Anzahl der Betriebsstunden pro Start von 1 auf 10 erhöht wird. Die Waagerechte im Bild 145a (bei 80 Betriebsstunden pro Start) wird vorgegeben durch Bauteile, deren Lebensdauer nicht von der Wärmebeanspruchung abhängig ist. Dies sind im vorliegenden Falle u.a. die Wellenlager, die als Wälzlager ausgebildet sind und die dementsprechend in gewissen Zeitabständen ausgewechselt werden müssen. Durch die Anzahl der Starts pro Betriebsstunde werden natürlich diejenigen Bauteile einer Gasturbinenanlage am meisten beeinflußt, die die größten Temperaturänderungen beim Start aufweisen. Dementsprechend sinkt mit der Anzahl der Starts pro Betriebsstunde die Lebensdauer des Flammrohres besonders stark ab (s. Bild 145b). Andere Bauteile, die niedrigere Temperaturänderungsgeschwindigkeiten und Maximaltemperaturen im Betriebe aufweisen als das Flammrohr, wie z.B. die Leit- und Laufschaufeln, sinken in ihrer Lebensdauer mit der Anzahl der Starts nicht so stark ab.

Weiterhin ist die Schallerzeugung zu behandeln. Eine Gasturbinenanlage gibt vor allen Dingen am Verdichtereintritt, aber auch am Turbinenaustritt und an ihrer Oberfläche Schall ab. Dieser kann mit erträglichem Aufwand (verhältnismäßig geringen Schalldämpferlängen und einfacher Verschalung) gedämpft werden, wie die in Bild 146 als Beispiel dargestellten Schalldruckkurven für eine Gasturbinenanlage mit einfacher Verschalung ohne Gebäude zeigen. Mit normalen Schalldämpfern (oben) werden rd. 67 dB (A) in 65 m Abstand (Grundstücksgrenze) eingehalten und wenn man einen etwas größeren Aufwand an Schalldämpfern treibt, lassen sich etwa 59 dB(A) in 65m bei dieser Anlage

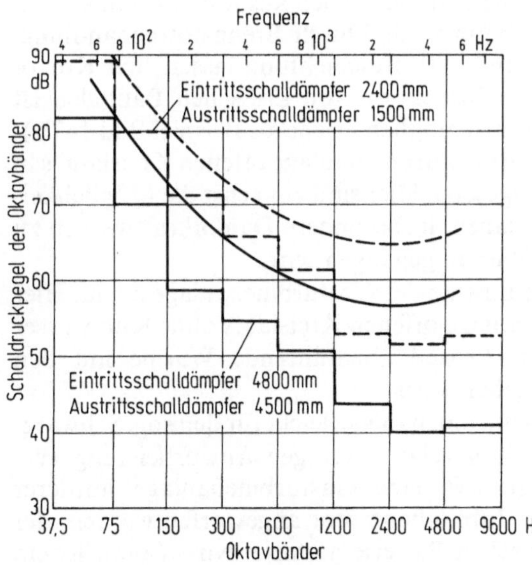

Bild 146. Mittlerer Schalldruckpegel der Oktavbänder eines Gasturbinen-Kraftwerkes mit einfacher Verkleidung, ohne Gebäude, Meßabstand ca. 65 m von Anlagenumriß. Parameter: Schalldämpfer-Längen im Ein- und Austritt der Gase. Die Suchtonanalyse ergab keine über die Bewertungskurven herausragenden Einzeltöne

Bild 147. a Stark korrodierte Gasturbinenlaufschaufeln (Allianz Vers. AG, Techn. Vers.);
b Kontrolle der ersten Turbinenstufe eines Gaserzeugers (Flugtriebwerkes) mittels Endoskop, das über die Brennstoffleitungsöffnung in die Brennkammer eingeführt wird
(Allianz Vers. AG, Techn. Vers.)

erreichen. Bei besonders hohen Anforderungen — z.B. 35 dB(A) — kommen fensterlose Gebäude mit Betonwänden in Frage. Für die Dämpfung auf der Abgasseite kann auch ein ggf. vorhandener Abwärmekessel wirksam sein.

Bezüglich der Betriebsstoffe ist darauf hinzuweisen, daß Gasturbinen als Anlagen mit innerer Verbrennung bestimmte Anforderungen an Brennstoff und Verbrennungsluft stellen. Beispielsweise kann durch unzulässig hohen Alkaligehalt in Verbindung mit dem natürlichen V- und S-Gehalt bestimmter flüssiger Brennstoffe (u.a. schweres Heizöl) eine starke Korrosion verursacht werden (siehe Bild 147a). Dagegen sind Erdgas und meist auch aus festen Brennstoffen hergestellte Gase unproblematische Brennstoffe. Durch Brennstoffbehandlung, zweckentsprechende Werkstoffwahl und evtl. Beschichtung lassen sich Korrosionsprobleme meist beherrschen. Die Inspektion von kritischen Bauteilen ist teilweise auch ohne Öffnen der Maschinen möglich (siehe als Beispiel Bild 147b).

Wegen zahlreicher Vorteile wird die Gasturbinenanlage offenen Kreislaufes in großem, z.T. in wachsendem Maße eingesetzt: Hier sind zunächst die Möglichkeiten der Kombination mit anderen Anlagen, insbesondere Dampfkraftwerken zu nennen, auf die in Abschnitt 3.5.5 näher eingegangen wird.

Andere Vorteile sprechen für den Einsatz der Gasturbinenanlage allein. Hier ist zu erwähnen, daß die Gasturbinenanlage offenen Kreislaufs ohne Kühlwasser auskommen kann, da die aus dem Prozeß abzuführende Wärme mit den Rauchgasen an die Umgebung abgegeben wird.

Bei Notstromerzeugung ist die Gasturbinenanlage leicht für den sog. Schwarzstart brauchbar zu machen. Wegen ihrer relativ geringen Anwurfleistung (ca. 1,5% der Nenn-Nutzleistung) kann z.B. eine Gasturbinenanlage mittlerer Leistung durch einen serienmäßigen Hubkolbenmotor angeworfen werden, der seinerseits z.B. mit Hilfe einer elektrischen Batterie gestartet wird. Somit ist ein

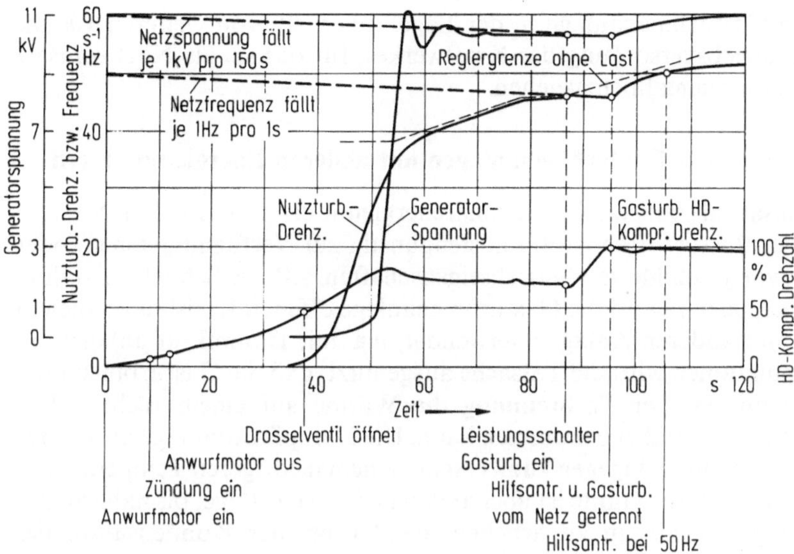

Bild 148. Startvorgang einer Gasturbinenanlage mit Flugtriebwerk als Notstromaggregat zur Versorgung der Hilfsantriebe eines Großkraftwerkes; Erläuterung siehe Text

Start ohne Energie aus einem elektrischen Netz, der sog. Schwarzstart, leicht möglich.

Daneben sind die Schnellstarteigenschaften hervorzuheben. Diese sind besonders bei Anlagen mit Flugtriebwerken ausgeprägt, da die Triebwerke entsprechend ihrem ursprünglichen Verwendungszweck für besonders schnelle Laständerungen ausgelegt sind. Somit werden solche Anlagen, aber auch Anlagen in Schwerbauweise unter anderem als Notstromversorger für große Leistungen eingesetzt. Als Beispiel zeigt Bild 148 gemessene Größen beim Start einer 13 MW-Anlage mit einem Flugtriebwerk. Hier wird die Anlage als Notstromsatz für die Hilfsantriebe eines größeren Kraftwerks eingesetzt. Der Startbefehl für den Notstromsatz wird automatisch gegeben, wenn die Frequenz des Hauptnetzes mit einem bestimmten Differentialquotienten nach der Zeit abfällt. (Dies bedeutet, daß die das Netz speisenden anderen Anlagen nicht mehr in der Lage sind, die Frequenz zu halten.) Bereits 8s nach dem Startbefehl kann Brennstoff gegeben werden. Nach etwa 12s hat die Anlage ihre Freikomm-Drehzahl erreicht, so daß der Anwurfmotor abgeschaltet werden kann. Die Nutzturbine beginnt nach etwa 35s zu drehen und wird 55s nach dem Startbefehl bereits vom Drehzahlregler übernommen. Der Drehzahlregler wirkt auf das Flugtriebwerk (Gaserzeuger) ein und nimmt dessen Drehzahl herunter. Somit beschleunigt die Nutzleistungsturbine langsamer. Der Generator ist inzwischen erregt und seine Frequenz wird durch Drehzahlerhöhung langsam an die Netzfrequenz herangeführt. Seine Spannung wird ebenfalls automatisch an die herrschende Netzspannung herangefahren. Die automatische Synchronisiervorrichtung schließt 87s nach dem Startbefehl den Leistungsschalter, und die Leistung der Nutzturbine wird erhöht, wobei zunächst die Drehzahl noch nicht steigt, da das Hauptnetz noch nicht abgetrennt ist. Die Trennung wird etwa 95s nach dem Startbefehl vorgenommen.

Sodann ist die Gasturbinenanlage in der Lage, innerhalb von weiteren 10s die gesamte Hilfsantriebsversorgung des Kraftwerkes, für das sie als Notstromsatz dient, auf Nennfrequenz hochzuziehen.

3.5.5 Kombination von Gasturbinenanlagen mit anderen Energieumsetzern

Neben dem Einsatz als selbständiger Primärenergieumsetzer (besonders dort, wo gasförmige oder flüssige Brennstoffe kostengünstig zur Verfügung stehen, oder auch wo die zuvor geschilderten Betriebseigenschaften, z.B. die Schnellstartfähigkeit, eine Rolle spielen), wird die Gasturbinenanlage offenen Kreislaufes auch in Kombination mit anderen Anlagen verwendet, u.a. mit Dampfkraftanlagen. In solchen Kombinationen wird die Tatsache ausgenutzt, daß die Gasturbinenanlage als Anlage mit innerer Verbrennung die Wärme auf einem recht hohen Temperaturniveau zugeführt bekommen kann. Die Dampfkraftanlage als Anlage mit äußerer Verbrennung dagegen kann erst auf einem niedrigeren Temperaturniveau beginnen. Die letztgenannte ist aber andererseits in der Lage, bis nahe an das Umgebungstemperaturniveau zu arbeiten, da der bei der Kondensation des Wasserdampfes in diesem Temperaturbereich entstehende Unterdruck das Gefälle bis in diesen Temperaturbereich auszudehnen gestattet. Somit ergibt eine Kombination dieser beiden Arten von Kraftanlagen im allgemeinen eine Verbesserung des effektiven Wirkungsgrades/Umwandlungsgrades gegenüber jeder der beiden Einzelanlagen. Es lassen sich Wirkungsgrade von über 45% unter üblichen Bedingungen erreichen. Darüber hinaus ermöglicht die Kombination im allgemeinen eine Verminderung der spezifischen Anlagekosten gegenüber einer reinen Dampfkraftanlage gleicher Leistung, da die Gasturbinenanlage im allgemeinen niedrigere spezifische Anlagekosten aufweist als die Dampfkraftanlage. Die Kombination dieser beiden Anlagen wird dementsprechend in neuerer Zeit in wachsendem Maße verwendet, obwohl dadurch die Gesamtanlage etwas komplexer wird. Auch kann bei einer Kombination von üblichen Gasturbinen- und Dampfkraftanlagen nicht ausschließlich mit festen Brennstoffen gearbeitet werden.

3.5.5.1 Schaltungsmöglichkeiten

Grundsätzlich sind bei der Kombination üblicher Anlagen folgende Schaltungen möglich:

a) Nutzung der Abwärme der Gasturbinenanlage in einem Kessel ohne Feuerung, also einem reinen Abwärmekessel (Bild 149). Hierbei kann die fühlbare

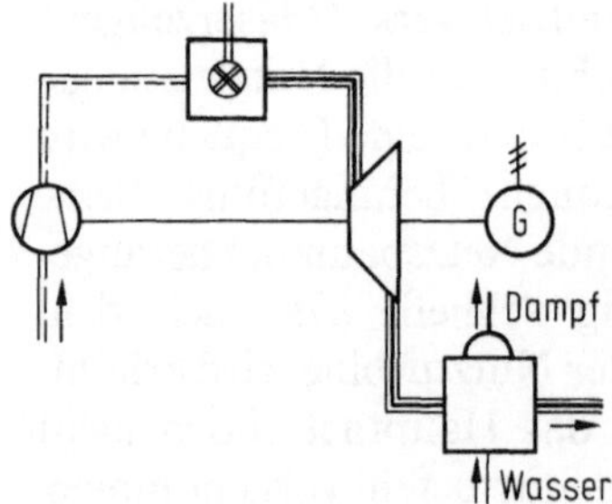

Bild 149. Schaltung einer Gasturbinenanlage offenen Kreislaufes mit Abwärmekessel

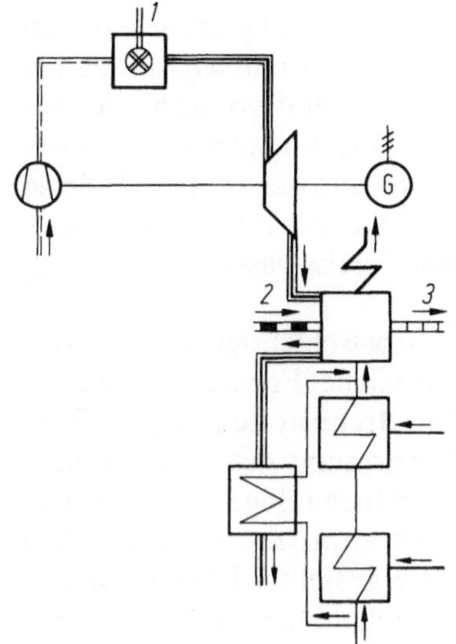

Bild 150. Kombinationsmöglichkeit Gasturbinen- und Dampfkraftanlage (schematisch): Gasturbinenabgase dienen als vorgewärmte Verbrennungsluft für den Dampferzeuger (Dampferzeuger-Feuerraumdruck $\approx$ Umgebungsdruck). Dampferzeuger-Abgase zur Speisewasser-Vorwärmung (parallel, wie hier dargestellt, oder seriell zu den anzapfdampf-beheizten Speisewasservorwärmern), übrige Teile des Wasser-Dampf-Kreislaufes s. Bilder 4 und 13. *1* Gas- und/oder Flüssigbrennstoff (hier dargestellt: Flüssigbrennstoff), *2* Fest-, Flüssig- oder Gasbrennstoff (hier dargestellt: Festbrennstoff), *3* Asche

Wärme der Abgase zur Wassererwärmung, Verdampfung und/oder Überhitzung verwendet werden, oder

b) Nutzung nicht nur der Wärme, sondern auch des Rest-Sauerstoffgehaltes der Abgase der Gasturbinenanlage, indem diese in einen konventionellen Dampferzeuger mit atmosphärischer Feuerung (Druck $\approx$ Umgebungsdruck) gegeben werden (Bild 150),

c) Verwendung des Dampferzeugers gleichzeitig als Brennkammer für die Gasturbine (Bild 151). Hierbei wird der Dampferzeuger unter feuerraumseitigem Überdruck gegenüber Umgebungsdruck betrieben. Die Gasturbinenanlage ist also Aufladegruppe für den Dampferzeuger.

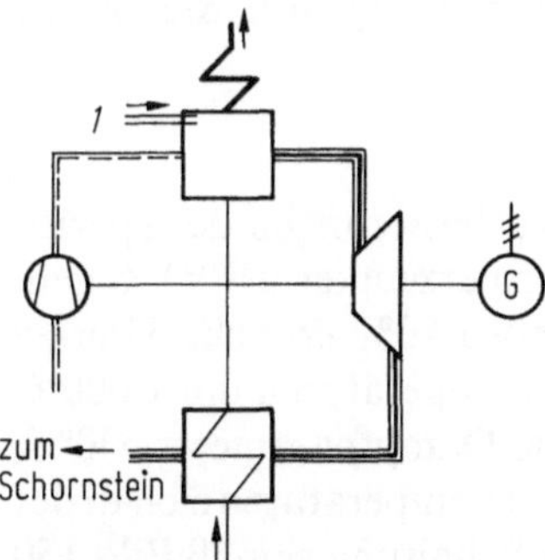

Bild 151. Kombinationsmöglichkeit Gasturbinen- und Dampfkraftanlage (schematisch): Dampferzeuger-Feuerraum ist gleichzeitig Gasturbinenbrennkammer (Feuerraumdruck $\gg$ Umgebungsdruck) für flüssigen und gasförmigen Brennstoff. Erläuterungen wie Bild 150

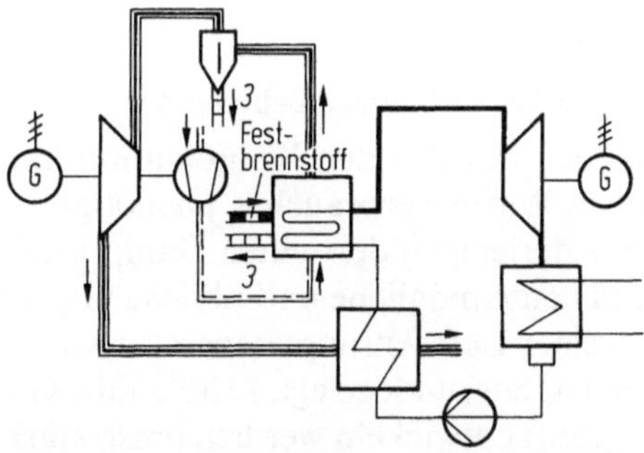

Bild 152. Kombinationsmöglichkeit Gasturbinen- und Dampfkraftanlage (schematisch): Wirbelschichtfeuerung ist gleichzeitig Gasturbinenbrennkammer (Wirbelschicht-Druck $\gg$ Umgebungsdruck), für feste Brennstoffe. Erläuterungen wie Bild 150

Den Varianten b und c, also den gefeuerten Dampferzeugern, ist gemeinsam, daß rauchgasbeheizte Speisewasservorwärmer verwendet werden müssen, da die bei der reinen Dampfkraftanlage sonst vorgenommene Brennluftvorwärmung für den Dampferzeuger durch die Abgase hier wegfällt (diese Vorwärmung wird ja durch die Gasturbinenanlage vorgenommen). Dann könnte die fühlbare Wärme der Abgase vor dem Eintritt in den Schornstein nicht mehr für diesen Zweck eingesetzt werden und der Abgasverlust würde ohne Speisewasservorwärmung durch die Kesselabgase unzulässig groß.

Als Abart der Variante c werden neuerdings Wirbelschichtfeuerungen versuchsweise eingesetzt, die es eher als eine herkömmliche Feuerung gestatten könnten, die gesamte Anlage ausschließlich mit festen Brennstoffen zu betreiben, wobei die Heizfläche in der Wirbelschicht zur Erwärmung des Gasturbinen-Arbeitsgases (in diesem Falle ergäbe sich eine Gasturbinenanlage geschlossenen Kreislaufes) oder des Arbeitsmediums des Dampfkraftprozesses dient. (Die letztgenannte Schaltungsmöglichkeit ist in Bild 152 dargestellt.) Es sind zahlreiche Schaltungsvarianten möglich und es ist noch erhebliche Entwicklungsarbeit zu leisten.

Auch beschäftigt man sich mit Anlagen, die mit Gas als Brennstoff betrieben werden sollen, das zuvor durch Vergasung von Kohle hergestellt wurde. Auch bei dieser Art Anlage gibt es eine Anzahl Konzepte, die geprüft werden.

3.5.5.2 Ausgeführte Anlagen

Ein Beispiel für die Ausführung einer kombinierten Anlage mit atmosphärisch gefeuertem (Feuerraumdruck nahezu gleich Umgebungsdruck) Kessel ist in den Bildern 153a und 153b dargestellt. Die Dampfkraftanlage benötigt, verglichen mit der Gasturbinenanlage ein verhältnismäßig großes Bauvolumen, insbesondere der Kessel. Anlagen dieser Form sind bereits in großer Zahl eingesetzt. Demgegenüber sind Anlagen mit druckgefeuertem Dampferzeuger (Bild 154) selten, da feste Brennstoffe für sie problematisch sind. Die in Bild 154 gezeigten Brennkammern/Dampferzeuger befinden sich in einer kombinierten Anlage von 177 MW Gesamtleistung. Der Brennstoff wird durch Druckvergasung von Steinkohle gewonnen.

3.5.5.3 Entwicklungsmöglichkeiten

Bei den bestehenden Kombinationsanlagen werden Verbesserungen des spezifischen Wärmeverbrauches (benötigte Wärmemenge pro erzeugter kWh) gegenüber derjenigen der reinen Dampfkraftanlage bis zu etwa 10% erreicht. Hierbei sind heute mögliche und übliche Gasturbinen-Eintrittstemperaturen um 1 000°C bei einer Luft-Ansaugtemperatur von 15°C und übliche Dampfparameter 530°C, 180 bar zugrundegelegt. Je höher die Gasturbineneintrittstemperaturen sich in der Zukunft entwickeln werden, umso stärker wird bei der Schaltung gemäß Bild 150 (Anlagenart b in Abschnitt 3.5.5.1) das Problem des genügenden Sauerstoffangebotes für die Dampferzeugerfeuerung auftreten, da mit wachsender Gasturbineneintrittstemperatur der O_2-Gehalt der Abgase der Gasturbinenanlage sinkt. Dieses Problem tritt beim druckgefeuerten Dampferzeuger nicht auf, da von vornherein nahezu stöchiometrisch verbrannt werden kann. Die Verbrennungstemperatur wird hier auf die zulässige Gasturbineneintrittstemperatur nicht durch

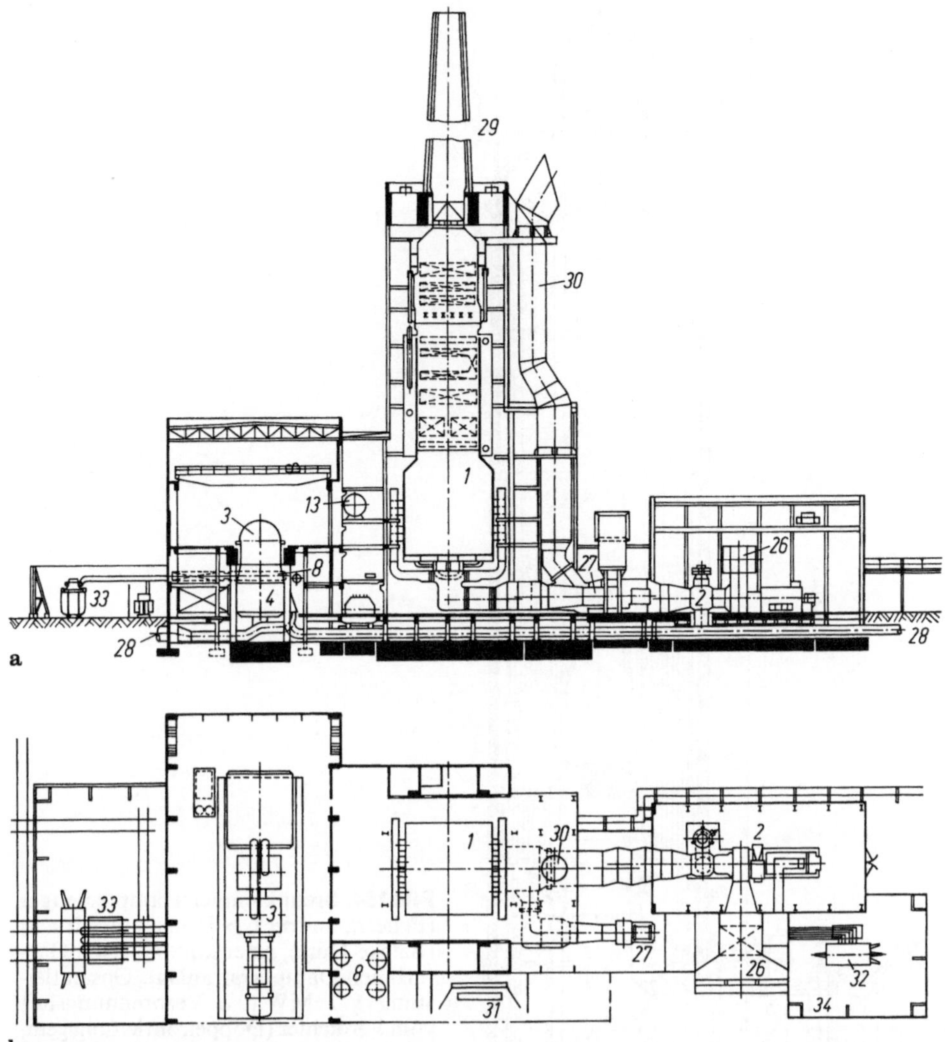

Bild 153a, b. Ausgeführte Kombination Gasturbinenanlage und Dampfkraftanlage (Dampferzeuger-Feuerraumdruck $\approx$ Umgebungsdruck) (BBC). **a** Aufriß; **b** Grundriß. Erläuterungen: *1* Dampferzeuger, *2* Gasturbinenanlage, *3* Dampfturbosatz, *4* Kondensator, *8* Speisewasservorwärmer, *13* Speisewasserbehälter, *26* Luftansaugung Gasturbinenanlage, *27* Hilfsgebläse für Dampferzeuger (bei Ausfall der Gasturbinenanlage), *28* Kühlwasserleitung für Kondensator, *29* Schornstein, *30* Abblaseleitung für Gasturbinenanlage, *31* Warte, *32* Transformator für Gasturbinenanlage, *33* Transformator für Dampfturbosatz

erhöhte Luftzufuhr, sondern durch Wärmeabfuhr an das Wasser bzw. den Dampf abgesenkt. Diese Art von Anlagen besitzt somit eine gewisse Attraktivität, zumal der Dampferzeuger durch die Druckfeuerung recht klein gebaut werden kann. Der Nachteil, daß heute für diese Feuerung keine festen Brennstoffe in Frage kommen, kann wahrscheinlich durch die Weiterentwicklung der Kohlevergasung behoben werden. Das Entwicklungspotential ist beträchtlich. Allerdings wird durch die

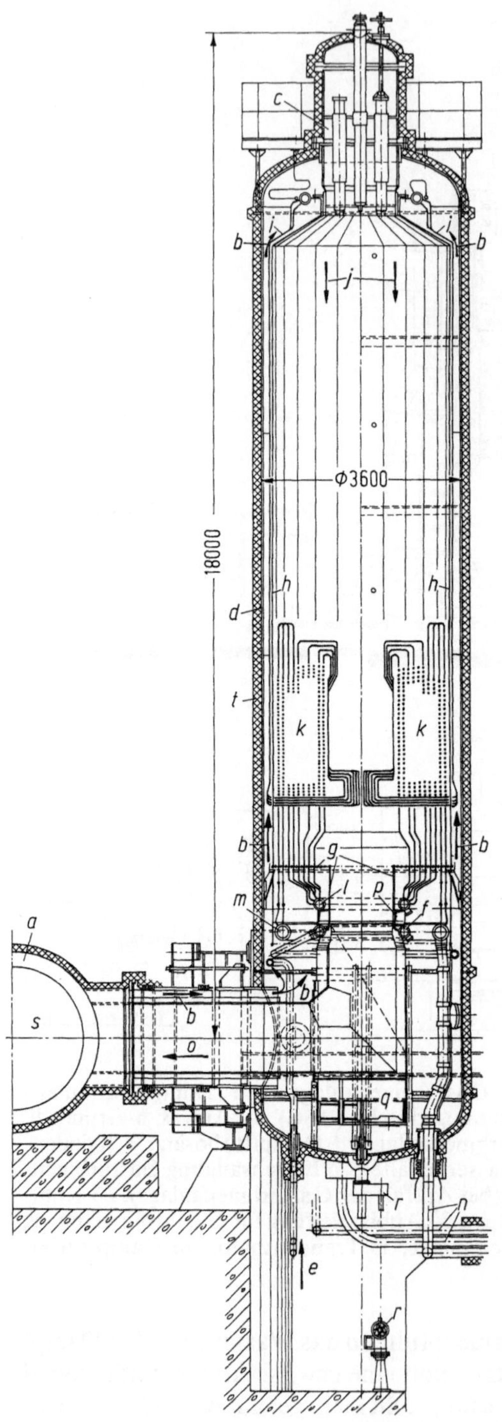

Bild 154. Brennkammer/Dampferzeuger (Feuerraumdruck $\gg$ Umgebungsdruck) (Balcke-Dürr), einer kombinierten Gasturbinen-Dampfkraftanlage, Gesamtleistung 177 MW$_{el}$. a Verbrennungsluft vom Verdichter (Doppelrohrleitung gem. Bild 136), b Luftströmung, c Gasbrenner, d druckführender Mantel, e Speisewassereintritt, f Verdampfereintrittssammler, g gasdichte Rohrwand und -boden, h Verdampferrohrwände (gasdicht verschweißt), i Verbindungsrohre vom Verdampfer zum Überhitzer, j Flammen und Verbrennungsgase, k Überhitzerwicklung, l Mischsammler, m Austrittssammler, n Heißdampfaustritt, o Heißgas zur Gasturbine, p Luftbeimischung, q Mischschieber, r Antrieb dazu, s Gasturbineneintritt, t Wärmedämmung; Maße in mm

Verluste bei der Vergasung der Wärmeverbrauch wieder verschlechtert. Hier ist noch erhebliche Entwicklungsarbeit zu leisten.

Auch ist auf die Anwendung vollständig oder teilweise geschlossener Kreisläufe bei der Gasturbinenanlage hinzuweisen. Hierbei wird das Arbeitsmedium der Gasturbinenanlage in einem Wärmeübertrager erhitzt, der sich in einer Festbrennstoff-Feuerung, z.B. in einer Wirbelschichtfeuerung, befindet, wobei diese Wirbelschichtfeuerung gleichzeitig als Feuerung für den Dampferzeuger dient. Geschlossene Gasturbinenanlagen kommen auch in Verbindung mit gasgekühlten Hochtemperaturkernreaktoren in Frage.

3.5.6 Einsatz in Verbindung mit Luftspeichern

In Verbindung mit Luftspeichern, in denen Verbrennungsluft unter hohem Druck gespeichert wird, kann eine modifizierte Gasturbinenanlage sowohl zur Aufnahme von überschüssiger elektrischer Energie (nachts) als auch zur Deckung elektrischer Spitzenlast tagsüber eingesetzt werden. Eine solche Anlage ist vor einiger Zeit in der Nähe von Bremen in Betrieb gegangen. Im einzelnen ist diese Anlage folgendermaßen aufgebaut (Bild 155): Von einer elektrischen Maschine (4), die zunächst als Motor arbeitet, werden Verdichter (5) angetrieben. Diese laden während der Zeit schwacher Belastung des elektrischen Netzes unterirdische Speicher (1) mit Luft hohen Druckes auf. Die Turbinen (3) sind dabei abgekuppelt. Am Ende des Ladevorganges erreicht der Druck in diesen Speichern etwa 66 bar. Die Speicher wurden durch künstliche Aussolung von Kavernen in einer Salzlagerstätte (Auflösung des Salzes durch gezielt zugeführtes Süßwasser) hergestellt (Volumen etwa 300 000 m^3). Während der Spitzenbelastung des elektrischen Netzes wird Druckluft aus diesen Speichern entnommen und über Brennkammern (2) in Turbinen gegeben. Wegen des hohen Gefälles sind zwei Turbinen hintereinander geschaltet. Die erzeugte Nutzleistung wird über die nunmehr an die Turbinen angekuppelte, jetzt als Generator arbeitende elektrische Maschine in das Netz gegeben. Die Verdichter sind dabei abgekuppelt. Wegen der längeren Einspeicherzeit gegenüber der Ausspeicherzeit (Verhältnis etwa 5:1)

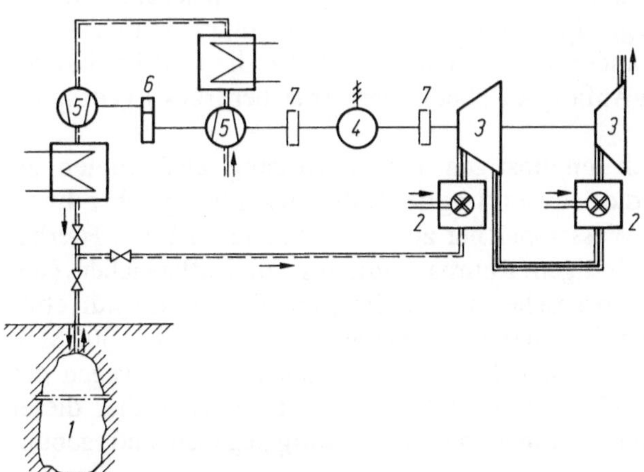

Bild 155. Gasturbinenanlage mit Luftspeicherung unter variablem Druck. *1* unterirdischer Luftspeicherraum (Kaverne), *2* Brennkammern, *3* Turbinen, *4* Motor/Generator, *5* Verdichter, *6* Getriebe, *7* schaltbare Kupplungen

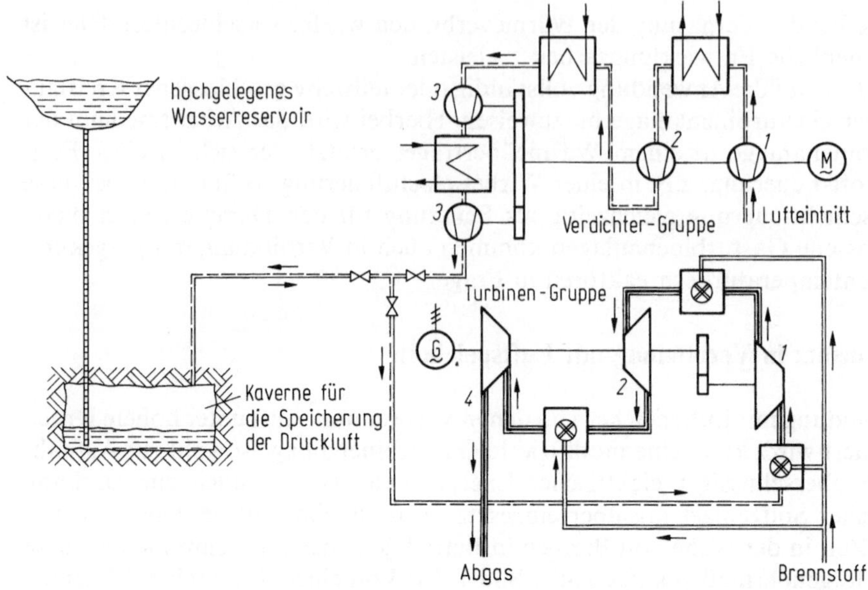

Bild 156. Gasturbinenanlage mit Luftspeicherung unter konstantem Druck. Verdichter-Gruppe: *1* Niederdruck-, *2* Mitteldruck-, *3* und *4* Hochdruckverdichter; Turbinen-Gruppe: *1* Hochdruck-, *2* Mitteldruck-, *3* Niederdruckturbine

können die Verdichter für einen geringeren Massenstrom bemessen werden, als die Turbinen. Die Verdichter sind mit Zwischen- und Nachkühler versehen. Ein besonderer Vorteil einer solchen Anlage ist die zeitliche Entkopplung von Leistungsaufnahme der Verdichter und Leistungsgewinnung aus den Turbinen. Auf diese Weise kann von Turbinen üblicher Größe eine Nutzleistung von etwa 300 MW abgegeben werden. Durch die Trennung von Turbine und Verdichter steht also etwa das dreifache an Nutzleistung gegenüber einer üblichen Gasturbinenanlage zur Verfügung. Dementsprechend sind die spez. Anlagekosten auch unter Berücksichtigung der Kosten für die Erstellung des Speichers vergleichsweise niedrig. Die erwähnte Anlage kam mit etwa 320 DM/kW (1979) aus und liegt somit erheblich günstiger als ein mit Wasser arbeitendes Pumpspeicherwerk. Der Druck im Luftspeicher wird gegen Ende des Ausspeichervorganges bis auf etwa 46 bar abgebaut. Eine Leistungsänderung der Turbinen durch die Luftdruckänderung tritt nicht ein, da sie von Anfang an (bei hohem Speicherdruck) gedrosselt gefahren werden.

Um ohne den exergetisch ungünstigen Drosselvorgang auskommen zu können, wäre es z.B. denkbar, die Schwankung des Luftdruckes im Speicher durch eine Kombination mit einem Wasserspeicher zu vermeiden (Bild 156). Hierbei würde man wegen der vollständigen Raumausnutzung im Luftspeicher (ein Puffervolumen braucht nicht vorgesehen zu werden) ein Raum von nur etwa 60 000 m^3 bei Drücken wie den oben genannten für eine Leistung von etwa 300 MW für zwei Stunden benötigen. Kavernen für solche Anlagen können wegen des Wassers nicht im Salz hergestellt werden. Überhaupt ist der Bau aller dieser Speicher an geologische Voraussetzungen, die nicht häufig gegeben sind, gebunden.

4 Wasserturbinen

Eine kurze Behandlung der Wasserturbinen in dem vorliegenden Rahmen erscheint angezeigt, da etwa 5% der elektrischen Energie (1980) in der Bundesrepublik Deutschland mit Hilfe solcher Maschinen erzeugt werden.

In den Wasserturbinen, die aus stehenden, auf großer geodätischer Höhe befindlichen Gewässern gespeist werden, wird die potentielle Energie in der Rohrleitung und in den Düsen der Turbine in kinetische umgesetzt und diese durch reibungsarme Geschwindigkeitsverminderung an ein Rad bzw. die Welle abgegeben. Bei Fließgewässern liegt von vornherein vorwiegend kinetische Energie vor, die in der selben Weise in Arbeit an der Welle umgesetzt wird.

Im Vergleich zur Dampfturbine sind die zu verarbeitenden Gefälle nicht sehr hoch. Würde beispielsweise eine geodätische Höhendifferenz $z = 1\,000$ m zwischen dem oberen und dem unteren Wasserspiegel zur Verfügung stehen, was in der Praxis als groß zu bezeichnen ist, dann beträgt das spezifische Gefälle Δe etwa

$$\Delta e = zg$$

$$\Delta e = 1000 \cdot 9{,}81 = 9{,}81 \cdot 10^3 \mathrm{m}^2/\mathrm{s}^2.$$

Im Vergleich dazu weist der Mittel- und Niederdruckteil einer Dampfturbine mit einem Eintrittszustand von 520°C 30 bar und einem Austrittszustand von 0,05 bar folgendes isentrope Gefälle auf:

Eintritt 520°C,	30 bar	$h = 3500$ kJ/kg,
Austritt	0,05 bar	$h = 2225$ kJ/kg (bei $\Delta s = 0$)
		$\Delta h = 1275$ kJ/kg $= 1275$ kNm/kg,

und da 1 N = 1 kg m/s²

$$\Delta h = 1{,}28 \cdot 10^6 \mathrm{m}^2/\mathrm{s}^2,$$

also das 130fache des Gefälles der Wasserturbine. Somit kommt die Wasserturbine auch bei Höhendifferenzen, die für sie sehr groß sind, mit einer Stufe aus.

Man teilt die Wasserturbinen nach der Größe der umgesetzten potentiellen Energie ein, also nach der Fallhöhe. In Richtung steigender Fallhöhe geordnet sind folgende Arten zu unterscheiden:

a) Kaplan-Turbine für kleine Fallhöhen unterhalb etwa 50 m,
b) Dériaz-Turbine
c) Francis-Turbine für mittlere Fallhöhen,
d) Ossberger-Turbine
e) Pelton- oder Freistrahlturbine für große Fallhöhen über etwa 300 m.

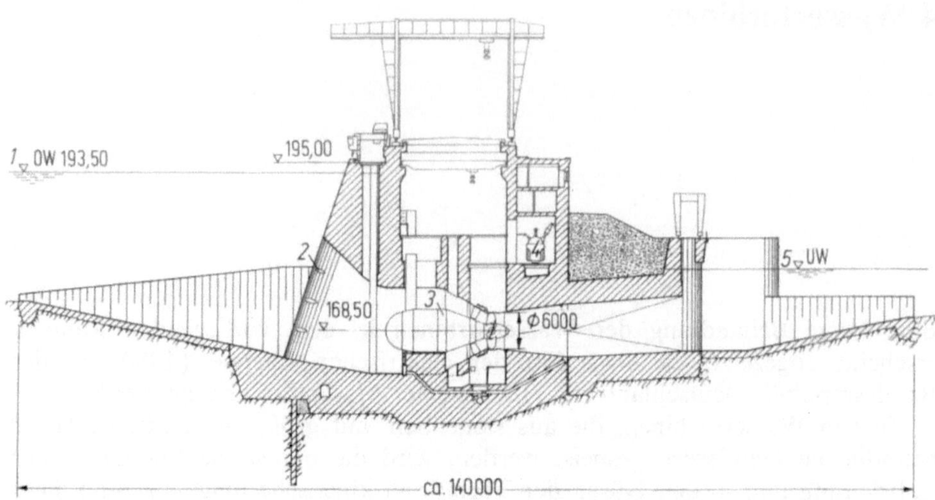

Bild 157. Rohrturbine im Fluß (Voith). *1* maximaler Oberwasserspiegel, *2* Einlaufrechen, *3* Rohrturbine mit Generator, *4* Transformator, *5* Unterwasserspiegel

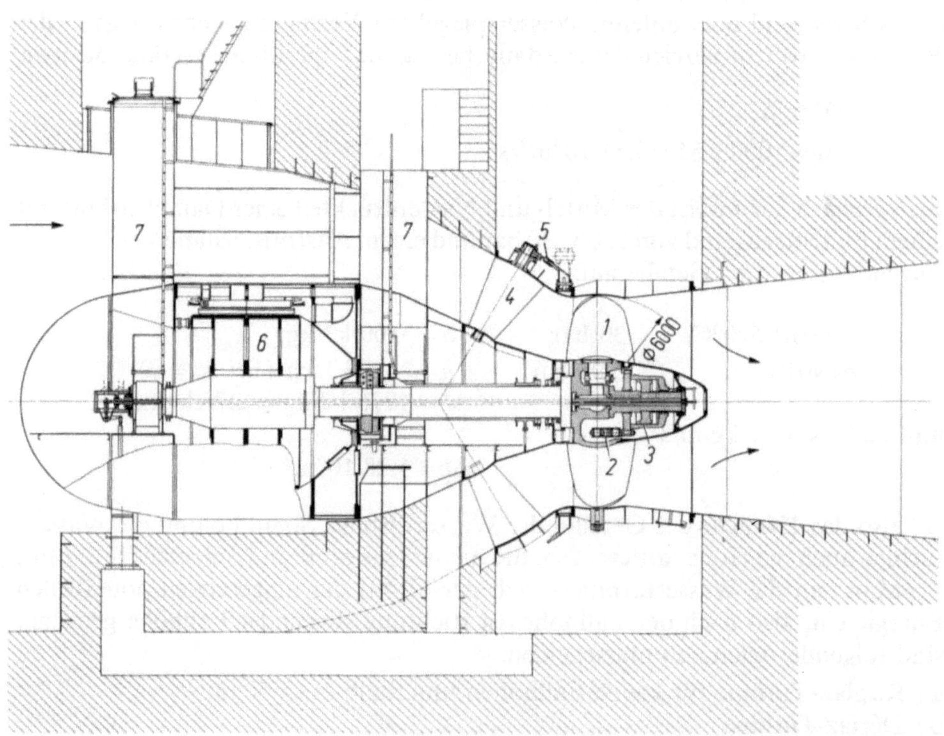

Bild 158. Rohrturbine (Schnitt) (Voith). *1* Laufschaufel; Laufschaufelverstelleinrichtung: *2* Hebel, *3* Drucköllbetätigung, *4* Leitschaufel, *5* Leitschaufelverstellhebel, *6* Generator, *7* Zugangsschächte

Die Radform-Kennzahl n^*, die durch das Verhältnis von Volumenstrom $\dot{V}$ zur auf die Masseneinheit Arbeitsmedium bezogene spezifische Schaufelarbeit Y im Nennbetriebszustand gekennzeichnet ist,

$$n^* = n\ \dot{V}^{1/2}/Y^{3/4}$$

mit n Drehzahl in s^{-1}, $\dot{V}$ Volumenstrom in m^3/s, Y spezifische Schaufelarbeit in Nm/kg wird von a) nach e) kleiner. Dementsprechend ändert sich die Radform vom reinen Axialrad zum Radialrad hin. (Das Pelton-Rad nimmt hier eine Sonderstellung ein. Es wird unten näher beschrieben.)

Diese Ordnung gibt gleichzeitig einen von a) nach e) sich vermindernden Reaktionsgrad an, d.h., daß von a) nach e) ein immer kleinerer Teil des Gesamtgefälles im bewegten Bauteil, im Laufrad in kinetische Energie umgesetzt wird. Die Einsatzbereiche überschneiden sich. Da in der vorliegenden Betrachtung

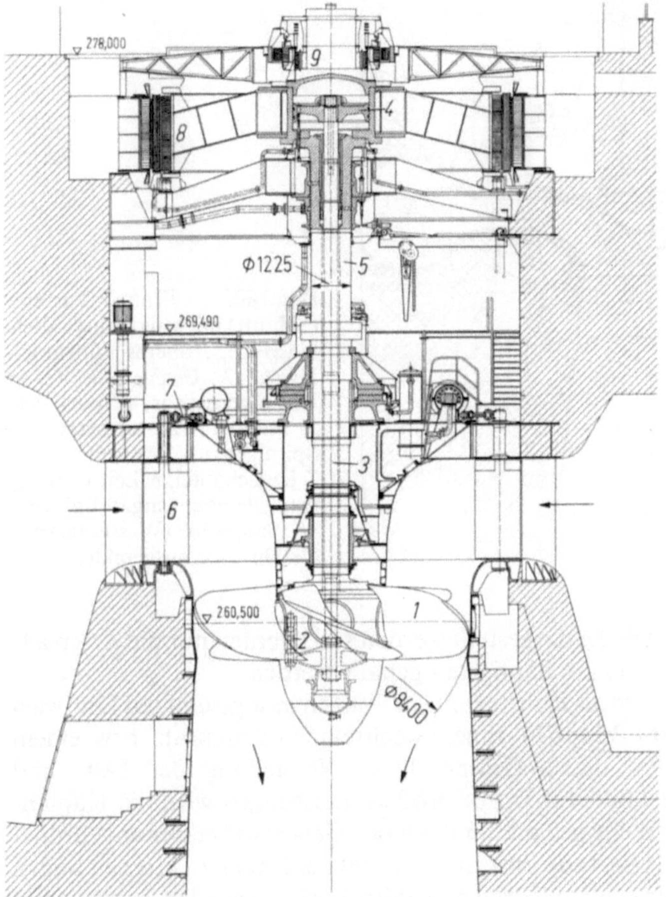

Bild 159. Kaplan-Turbine (Schnitt) mit senkrechter Welle (Voith). *1* Laufschaufel; Laufschaufelverstelleinrichtung: *2* Hebel, *3* Verstellstange, *4* Kolben, *5* Welle, *6* Leitschaufel, *7* Leitschaufelverstellhebel, *8* Generator, *9* Erregermaschine

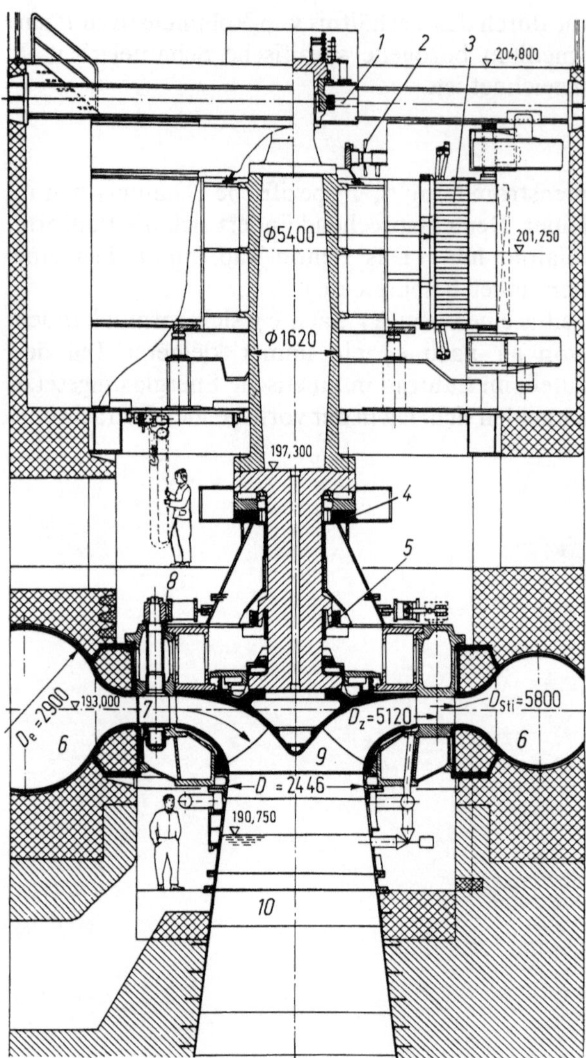

Bild 160. Francis-Turbine (Schnitt) mit senkrechter Welle (SEO). *1* oberes Führungslager, *2* Erregermasch., *3* Hauptgenerator, *4* Spurlager, *5* unteres Führungslager, *6* Spiralgehäuse (Wassereintritt), *7* Leitschaufel, *8* Leitschaufelverstelleinrichtung, *9* Laufrad, *10* Saugrohr (Wasseraustritt, als Diffusor ausgebildet)

lediglich einiges Grundsätzliche dargestellt werden soll, werden nur die Arten a), c) und e) behandelt, welche am häufigsten gebaut werden.

Die Kaplan-Turbine wird als Rohrturbine in Flüssen in sogenannten Laufwasserkraftwerken eingesetzt (Bild 157). Einem wechselnden Durchsatz, bzw. einem wechselnden Gefälle wird die Maschine durch Verstellung der Leit- und Laufschaufeln angepaßt (Bild 158). Für größere Leistungen wird die Kaplan-Turbine mit senkrechter Welle gebaut, da dann der Generator besser angeordnet werden kann (Bild 159). Die Radformkennzahl liegt bei Kaplan-Turbinen wegen des großen Volumenstromes und niedrigen Gefälles hoch. Es werden Zahlenwerte von etwa 1,2 ... 0,3 erreicht.

Die Francis-Turbine hat Laufradkanäle, die größtenteils radial durchströmt werden (Bild 160). Die Laufschaufeln sind an Radscheiben befestigt (Bild 161).

Bild 161. Francis-Laufräder in der Fertigung (Voith)

Bild 162. Francis-Turbinen
mit waagerechter Welle
(SEO, Escher-Wyss), Leit-
schaufel-Verstelleinrichtung
im Vordergrund

Eine Verstellung dieser Schaufeln ist nicht möglich, so daß für die Massenstrom-
bzw. Gefälleeinstellung nur die Leitradverstellung in Frage kommt. Entsprechend
dem gegenüber der Kaplan-Turbine größeren Gefälle bzw. kleineren Volumenstrom ist die Radformkennzahl kleiner, es werden hier Werte von etwa 0,36 bis
herab zu 0,06 erreicht. Der große Bereich, den die Radformkennzahl überstreicht,
zeigt, daß die Francis-Turbine in einem sehr breiten Gefälle- und Volumenstrom-
bereich eingesetzt werden kann. Als Beispiel sei die Kaverne des Kraftwerkes
Vianden in Luxemburg gezeigt. Hier ist eine große Zahl von Francis-Turbinen mit
waagerechter Welle aufgestellt (Bild 162). Die eintrittsseitige Absperrarmatur,
das Spiralgehäuse und die Hebel und die Hydraulikzylinder für die Leitschaufel-
verstellung sind zu erkennen.

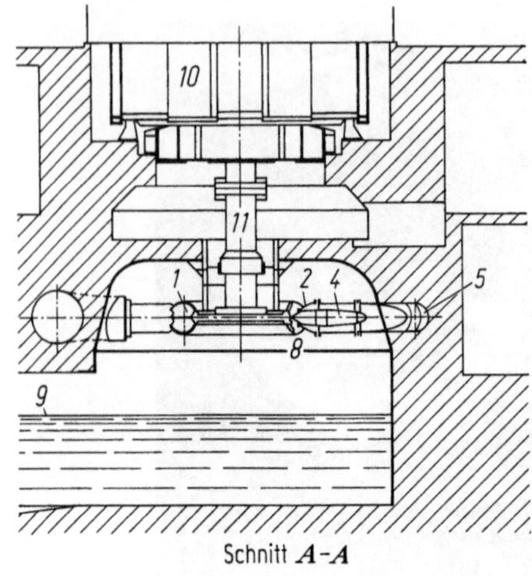

Schnitt A-A

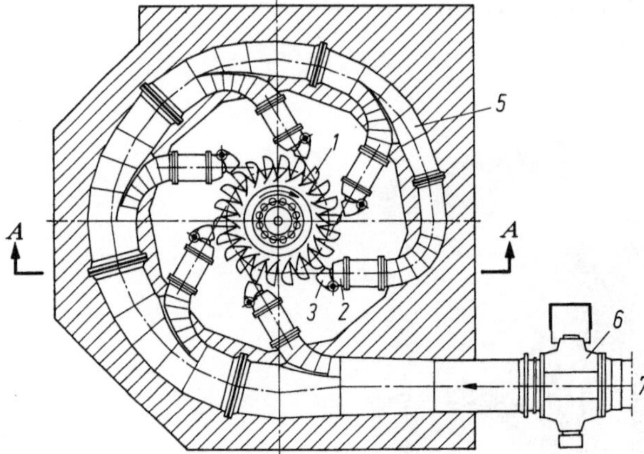

Bild 163. Pelton-Turbine mit senkrechter Welle (Voith). *1* Laufrad, *2* Düse, *3* Strahlablenker, *4* Düsennadelbetätigung, *5* Ringleitung, *6* Absperrarmatur, *7* Wassereintritt, *8* Luftraum, *9* Unterwasser (Wasserablaufkanal), *10* Generator, *11* senkrechte Welle. Es sind auch Ausführungen mit waagerechter Welle gebräuchlich, bei denen die nutzbare Fallhöhe etwas geringer ist, da der mittlere Abstand der Düsen vom Unterwasserspiegel größer als bei senkrechter Welle sein muß.

Für sehr große Gefälle kommt die Pelton-Turbine, auch Freistrahl-Turbine genannt, mit Radformkennzahlen von etwa 0,05 bis etwa 0,006 in Frage. Hier handelt es sich um eine Maschine ohne Reaktion, bei der die potentielle Energie ausschließlich in den feststehenden Teilen in kinetische umgewandelt wird. Der Wasserstrahl trifft aus einer oder mehreren Düsen mit hoher Geschwindigkeit auf das im Luftraum rotierende Schaufelrad (Bild 163). Als Maschinen ohne

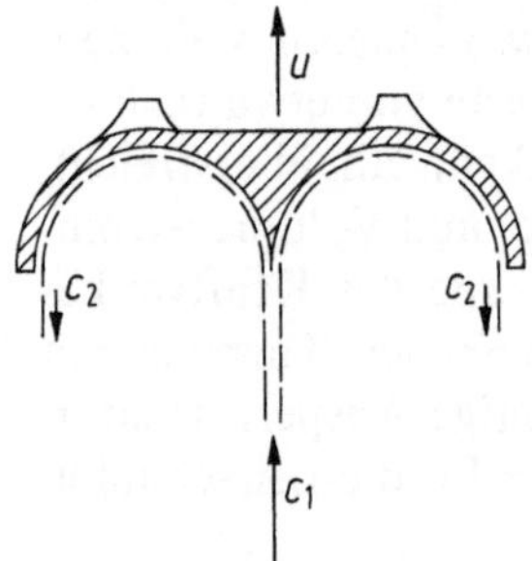

Bild 164. Strömung in der Pelton-Schaufel (schematisiert) (Schnittebene tangential zum Laufrad)

Bild 165. Pelton-Räder in der Fertigung (Voith); Ansichts-Ebene der Schaufeln im Vordergrund ungefähr parallel zur Schnittebene von Bild 164

Reaktion können sie ohne weiteres teilbeaufschlagt ausgeführt werden, wie dies in Abschnitt 2.6.3 für die Dampfturbine gezeigt wurde (s. a. Bild 34). In den Schaufeln wird die kinetische Energie durch Umlenkung um nahezu 180° fast vollständig abgebaut und das Wasser tritt mit geringer Absolutgeschwindigkeit aus der Schaufel wieder aus. Dies ist im Bild 164 vereinfacht dargestellt. Die Fertigung von Pelton-Rädern zeigt Bild 165.

Bei der Pelton-Turbine wird die Anpassung an verschiedene Massenströme ausschließlich im feststehenden Teil durch eine Nadel (im Inneren der Düse) vorgenommen (Bild 166). Um im Schnellschlußfall die Energiezufuhr zum

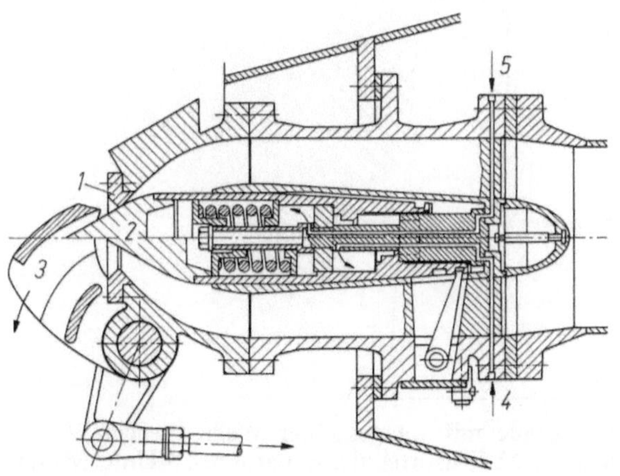

Bild 166. Innengesteuerte Düse mit Düsennadel und Strahlablenker für Pelton-Turbine (Voith), in zwei Stellungen. Oberer Schnitt: Düsennadel in geschlossener Stellung. Unterer Schnitteil: Düsennadel in offener Stellung. *1* Düse, *2* Düsennadel, *3* Strahlablenker (gezeichnete Stellung: Strahlablenkung vom Laufrad, Pfeile: Verstellung in Richtung Normalbetrieb), *4* Steueröldruck für Öffnen, *5* Steueröldruck für Schließen der Nadel

Laufrad rasch unterbrechen zu können, ohne unzulässige Druckspitzen in der Zuleitung beim Absperren hervorzurufen, wird außer der Düsennadel ein Strahlablenker vorgesehen. Dieser wird zuerst in den Strahl eingefahren. Die kinetische Energie des aus der Düse austretenden Wassers wird dabei über Reibung in Wärme verwandelt, bis dann die Düsennadel allmählich schließt.

Die Leistungen pro Wasserturbineneinheit reichen bis in die 10^2 MW-Größenordnung. Die Laufraddurchmesser betragen dann bis zu 10 m. Neben diesen Maschinen sehr großer Leistung, werden auch Maschinen kleiner Leistung bis herab in die 10^1 kW-Größenordnung zur Ausnutzung kleiner Laufwasserkräfte gebaut, die sich trotz der geringen Leistung durch gute Wirkungsgrade ($\eta > 0{,}8$) auszeichnen. Dies ist u.a. dadurch zu erklären, daß auch hier der Volumenstrom wegen des geringen Gefälles noch verhältnismäßig groß ist.

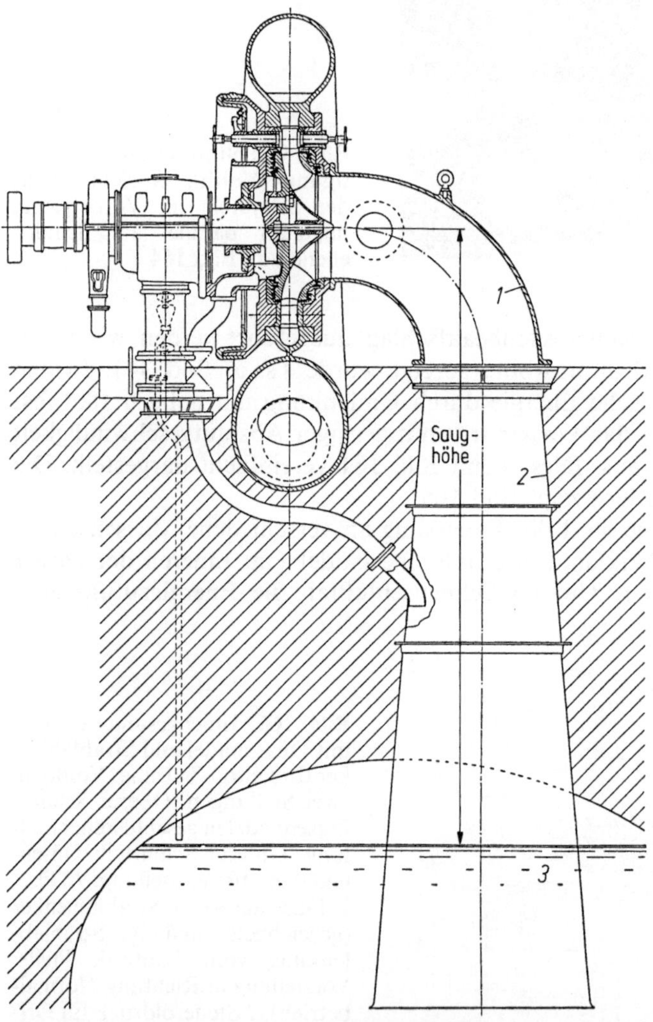

Bild 167. Saugrohr an einer Francis-Turbine mit waagerechter Welle (Escher-Wyss). *1* Saugrohrteil mit konstantem Querschnitt, *2* Diffusorteil des Saugrohres, *3* Unterwasser

Als Problem beim Betrieb ist u.a. das der Kavitation zu erwähnen. Dies besteht an Stellen niedrigen Druckes (unterhalb des Dampfdruckes des Wassers), wo die Bildung von Dampfblasen beginnt. Schon bei sehr geringen Drucksteigerungen brechen diese Blasen wieder zusammen. Dabei werden durch den mit hoher Geschwindigkeit erfolgenden Aufprall des Wassers auf die Oberfläche der Bauteile Schädigungen des Werkstoffes (Anfressungen) hervorgerufen. Solche Stellen niedrigen Druckes treten z.B. am Anfang des Saugrohres auf. Durch das Saugrohr wird der Höhenunterschied zwischen Laufrad und Wasserspiegel des ablaufenden Gewässers nutzbar gemacht, indem durch diesen Höhenunterschied ein Unterdruck gegenüber dem Umgebungsluftdruck erzeugt wird. Auch wird das Saugrohr meist als Diffusor ausgebildet, um die kinetische Energie am Laufradaustritt noch so weit wie möglich zu nutzen (Bild 167). Dieser niedrige Druck begünstigt die Entstehung von Dampfblasen. Solche Saugrohre werden insbesondere bei Kaplan- und Francis-Maschinen verwendet, die wegen des kleinen Gesamtgefälles auf die Ausnutzung des Gefälles zwischen Turbinenaustritt und Unterwasserspiegel nicht verzichten können.

Weiterführende Literatur

Dampfkraftanlagen

Gesamtanlagen:

DIN 2481: Wärmekraftanlage: graphische Symbole. Berlin: Beuth 1979
Happoldt, H.; Oeding D.: Elektrische Kraftwerke und Netze , 5. Aufl. Berlin: Springer 1978
Kriese, S.: Leitfaden der Kraftwerktechnik. Essen: Vulkan 1972
Musil, L.: Allgemeine Energiewirtschaftslehre. Wien: Springer 1972
Thomas, H.-J.: Thermische Kraftanlagen, 2. Aufl. Berlin: Springer 1985

Turbinen:

DIN 4304: Dampfturbinen: Benennungen. Berlin: Beuth 1964. DIN 4305 Dampfturbinen. Benennungen der Baugruppen und Bauteile der Turbine (Teil 1), dto. der Kondensationsanlage (Teil 2). Berlin: Beuth 1968
Bohl, W.: Strömungsmaschinen (Aufbau und Wirkungsweise). Würzburg: Vogel 1977, 1980
Dietzel, F.: Dampfturbinen, 3. Aufl. München: Hanser 1980
Müller, K. J.: Thermische Strömungsmaschinen (Auslegung und Berechnung). Wien: Springer 1978
Traupel, W.: Thermische Turbomaschinen, Bd. I u. II, 3. Aufl. Berlin: Springer 1977, 1982

Kraftanlagen mit innerer Verbrennung

Kolbenmotoren:

DIN 1940: Hubkolbenmotoren: Begriffe, Formelzeichen, Einheiten. Berlin: Beuth 1976
Küttner, K.-H.: Kolbenmaschinen, 5. Aufl. Stuttgart: Teubner 1984
List, H. (Hrsg.): Die Verbrennungskraftmaschine. Wien: Springer. Davon u. a.:
Bd. III: Pflaum, W.; Mollenhauer, K.: Wärmeübergang in der Verbrennungskraftmaschine. 1977;
Bd. VI: Löhner, K.; Müller, H.: Gemischbildung und Verbrennung im Ottomotor. 1967;
Bd. VII: Pischinger, A. und F.: Gemischbildung und Verbrennung im Dieselmotor, 2. Aufl. 1957;
Bd. XI: Scheiterlein, A.: Der Aufbau der raschlaufenden Verbrennungskraftmaschine. 1964;
Neue Folge: hrsg. von List, H. und Pischinger, A.: Bd. I: Maass, H.: Gestaltung und Hauptabmessungen der Verbrennungskraftmaschine. 1979
Sass, F.: Bau und Betrieb von Dieselmaschinen, 2. Aufl., Bd. 1: Grundlagen und Maschinenelemente, Bd. 2: Die Maschinen und ihr Betrieb. Berlin: Springer 1948, 1957
Schmidt, F. A. F.: Verbrennungskraftmaschinen, 4. Aufl. Berlin: Springer 1967
Zinner, K.: Aufladung von Verbrennungsmotoren, 2. Aufl. Berlin: Springer 1980

Gasturbinenanlagen:

DIN 4340: Gasturbinen: Begriffe, Benennungen. Berlin: Beuth 1976
DIN 4342: Gasturbinen: Normbezugsbedingungen, Normleistungen, Angaben über Betriebswerte. Berlin: Beuth 1979
Friedrich, R.: Gasturbinen mit Gleichdruckverbrennung. Karlsruhe: G. Braun 1949

Gašparović, N.: Gasturbinen. Probleme und Anwendungen. Düsseldorf: VDI 1967
Münzberg, H. G.; Kurzke, J.: Gasturbinen — Betriebsverhalten und Optimierung. Berlin: Springer 1977
Ostenrath, H.: Gasturbinen-Triebwerke. Essen: Girardet 1968
Thomas, H.-J.: Thermische Kraftanlagen, 2. Aufl. Berlin: Springer 1985
Traupel, W.: Thermische Turbomaschinen, Bd. I und Bd. II, 3. Aufl. Berlin: Springer 1977, 1982

Wasserturbinen

DIN 4320: Wasserturbinen: Benennungen nach der Wirkungsweise und nach der Bauweise. Berlin: Beuth 1971
DIN 4323: Wasserturbinen: Begriffe, Zeichen, Einheiten. Berlin: Beuth 1957
Morsonyi, E.: Wasserkraftwerke, Bd. I und II. Düsseldorf: VDI 1966
Quantz, C. und Meerwarth, K.: Wasserkraftmaschinen, 11. Aufl. Berlin: Springer 1963
Raabe, J.: Hydraulische Maschinen und Anlagen: Teil 2: Wasserturbinen; Teil 4: Wasserkraftanlagen. Düsseldorf: VDI 1970.

Sachverzeichnis